周忠蜀 菅波 / 编著

婴幼儿
辅食添加 与 营养配餐
全方案

中国轻工业出版社

图书在版编目（CIP）数据

婴幼儿辅食添加与营养配餐全方案/ 周忠蜀, 菅波编
著. -- 北京：中国轻工业出版社, 2018.9
ISBN 978-7-5184-2030-8

Ⅰ. ①婴… Ⅱ. ①周… ②菅… Ⅲ. ①婴幼儿—食谱
②婴幼儿—营养卫生 Ⅳ. ①TS972.162②R153.2

中国版本图书馆CIP数据核字（2018）第154246号

责任编辑：朱启铭　　责任终审：劳国强　　封面设计：奥视创意工作室
版式设计：刘　涛　　责任监印：张京华

出版发行：中国轻工业出版社（北京东长安街6号，邮编：100740）
印　　刷：北京博海升彩色印刷有限公司
经　　销：各地新华书店
版　　次：2018年9月第1版第1次印刷
开　　本：889×1194　1/20　印张：9.5
字　　数：150千字
书　　号：ISBN 978-7-5184-2030-8　定价：49.80元
邮购电话：010-65241695
发行电话：010-85119835　传真：85113293
网　　址：http://www.chlip.com.cn
Email：club@chlip.com.cn
如发现图书残缺请直接与我社邮购联系调换
161109S3X101ZBW

前言

　　宝宝的成长只有一次，如果在饮食营养方面没有做到位，错过了宝宝发育的黄金期，就会直接影响到其身体、心理、智能的发育。要让宝宝吃得既健康，又营养均衡，就需要科学喂养。

　　从几个月开始添加辅食最科学？宝宝多大断奶最为合适？断奶期又该如何喂养？辅食应该如何制作、如何添加？这些最为基础而重要的问题，也是父母最为关心和需要被指导的。本书将科学育儿领域先进的喂养理念带给大家，从科学的角度对新手爸妈进行权威安全的指导。

　　很多新手爸妈愿意亲自下厨为宝宝制作营养餐，但往往因缺乏知识或厨艺欠佳而导致宝宝不爱吃，甚至有时走入烹饪误区。为解决这些问题，我们精心策划了这本辅食书，希望借助儿童营养专家和儿科专家的贴心指导与解读，能让新手爸妈们在最短的时间内学会多种宝宝营养餐的制作方法，让宝宝吃得更健康，发育得更好。

　　本书针对6～24个月宝宝不同成长阶段对营养的不同需求，从开始添加辅食到全面饮食这个过程中，按照流质食物、半流质食物、泥状食物、固体食物的顺序，精选100余款宝宝营养餐，并配以精美的图片，对新手爸妈进行指导。我们用到的每一种食材都是日常生活中随处可见的，制作方法简单易学，且每一道营养餐都附有营养解读，还有儿科主任医师的专业叮咛，让新手爸妈学得轻松，让宝宝吃得安全！

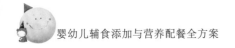
目录

第一章

0～24 个月宝宝喂养方案

第二章
添加辅食的准备工作

第三章
给宝宝添加辅食的几个阶段

第四章
喂养及营养相关疾病

第一章

0～24 个月宝宝喂养方案

在条件允许的情况下，出生到 6 个月的宝宝应尽量采取母乳喂养的方式。而 7～24 个月的婴幼儿处于 1000 日机遇窗口期的第三阶段，喂养是否正确、营养是否充足，不仅关系到宝宝近期的生长发育，也关系到长期的健康，家长们尤其需要重视。

出生到 6 个月宝宝喂养方案

宝宝出生后吃的第一口应该是母乳

世界卫生组织和联合国儿童基金会建议，宝宝出生后的 6～12 个月之内应该接受纯母乳喂养。母乳是最适合婴幼儿的天然食品，营养丰富，比例合适，容易消化吸收，含有多种抵抗疾病的免疫物质，能减少婴幼儿疾病的发生。直接哺喂宝宝，经济方便，省时省力，还可增加母婴交流的机会，同时加速妈妈产后恢复。

一般说来，只要妈妈健康，她所分泌的乳汁基本可以满足 6 个月以内宝宝的营养需要。因此，母乳喂养对宝宝的生长发育具有极其重要的影响。

很多年轻妈妈害怕母乳喂养，担心母乳喂养会让自己发胖，不能保持良好的体形，而不愿意进行母乳喂养，这种观念是错误的。母乳喂养可以加速子宫的收缩，使子宫早日恢复到未孕时的状态，同时还可以加速母体的恢复，使妈妈重塑完美身材。

纯母乳喂养应坚持到宝宝 6 个月大

宝宝在出生后 6～12 个月断奶为宜，一般不要超过 18 个月。宝宝消化道功能弱，如果断奶过早，添加辅食过早，容易引起消化道功能紊乱，造成腹泻和营养不良。而断奶过晚，辅食添加过晚，则不能满足宝宝生长发育的需要，尤其在牙齿长出后，宝宝对食物中营养素的需求量会逐渐增加，需要一些固体食物锻炼牙齿的咀嚼功能。另外，断奶过晚还会使宝宝过分依赖妈妈的乳汁，不愿意吃其他食物，导致宝宝偏食、挑食，甚至影响宝宝性格发展，造成其性格懦弱、不合群等。同时妈妈也会因长期喂奶而更易出现睡眠不足、食欲降低等问题，影响工作和生活质量，甚至还可能引发月经不调、子宫萎缩等疾病。

纯母乳喂养不需要补钙

6个月内的足月健康儿所需的营养都可以从母乳中获取，母乳中的钙完全能满足这一阶段宝宝的全部需求。婴儿满6个月时开始添加辅食，母乳中的钙也能基本满足其对钙的需求，配合辅食里的钙，母乳宝宝通常无需额外补充钙剂。

"顺应喂养"新理念

"顺应养育"是目前一种比较受推崇的养育方法，它提倡父母们细心观察宝宝的需求，解读宝宝通过动作、表情、声音等发出的各种信号，在搞懂宝宝的小心思后，做出及时、恰当，有针对性的反应，从而满足宝宝的需求。这种养育方式在宝宝的喂养问题上也同样适用，即"顺应喂养"。

这种理念倡导，父母要给宝宝创造一个愉快的进食环境，在喂宝宝时，父母要与宝宝面对面，确保能及时、清晰地了解宝宝的意愿。

在喂养过程中，要充分注意宝宝发出的饥饿和饱足的信号，并且对宝宝的需求给予及时、一致的回应。这些回应还应该与宝宝的年龄和发育水平相适应，比如，对于新生宝宝，当他出现咂嘴、寻觅的饥饿表现时，要马上喂他，也就是说要按需喂养；而等到宝宝大一些时，如果他发出了饥饿的信号，可以让他稍微等待，这样可以逐步过渡到按时喂养。在喂养过程中，当宝宝以闭嘴、摇头、回避等动作明确表示不愿意再吃时，就应该及时停止喂养，切

若妈妈身体健康，那么分泌的乳汁基本可以满足6个月以内宝宝的营养需求。

忌硬塞，也不要强行要求宝宝吃完你所规定的量。

其实，顺应喂养并不难，只要父母在平时喂时多些细心和耐心，尊重宝宝的选择就能实现。这样的改变意义很大，它可以增强宝宝对吃饭的兴趣，促使宝宝明确饥和饱的感受，有利于宝宝逐渐学会自己吃饭。这样的养育方式能喂养出一个身材匀称、身体健康的宝宝，而不是营养不足的瘦宝宝或是营养过剩的胖宝宝。

配方奶喂养的几种情况

配方奶粉是将液体（鲜）牛奶经过加工，添加或改变其中的某些成分，使奶粉更容易被消化和吸收，并使其成分更接近母乳。另外，配方奶粉还根据宝宝各个时期身体发育的不同需要，配比适合其年龄段的营养成分，更适合其生长发育。所以，配方奶粉要比普通鲜牛奶好。

配方奶的类型有以下几种

普通配方奶：以牛奶为原料制成的奶粉，适用于正常无疾病婴儿。

特殊配方奶：将奶粉中的一些成分去掉，比如蛋白，再经过特别加工和处理制成。适用于对蛋白等成分不耐受或过敏的宝宝，需经医师或营养师指导食用。

豆奶粉：以黄豆和糖为主要原料制成的奶粉，适用于乳糖不耐或对普通配方奶粉蛋白过敏的宝宝。

抗过敏或抗腹泻奶粉：适用于对蛋白过敏或腹泻的宝宝。

早产儿配方奶粉：根据早产儿生理特点和生长发育需要而配制的专用于早产儿的配方奶粉。

特殊疾病奶粉：针对某些特殊疾病而特殊加工制成的治疗奶粉，如治疗苯丙酮尿症的低苯丙氨酸奶粉。

儿科主任医师提醒

最好在专业保健人员的指导下选择早产儿奶粉和特殊疾病奶粉。

喂奶次数、间隔和每次喂奶量

宝宝的个体差异比较大，应根据宝宝的具体情况灵活控制喂奶次数、间隔及每次喂奶量，详细见下表。

月龄	喂奶次数（次/日）	间隔时间（小时）	每次喂奶量（毫升）	夜间喂奶
0～2周	7～9	2～3	50～100	2～3次
2～4周	6～8	2～3	80～120	2次
2～3个月	6～7	3～4	100～120	后半夜可睡5～6小时
4～5个月	5～6	3～5	150～200	夜间可持续睡6～7小时
5～6个月	4～5	4～5	200～250	夜间只喂一次
6～8个月	3～4	4～6	200～250	夜间停喂
8个月以上	2～3	6～8	200～250	夜间停喂

7～24 个月宝宝喂养方案

应在宝宝满 6 个月时再添加辅食

应在宝宝满 6 个月后再添加辅食，早加、晚加都不好。

第一，此时宝宝体内储存的铁已经基本用尽，若不添加辅食，容易出现生理性缺铁性贫血。

第二，这时是宝宝的消化道已发育到可以接受糜糊状的食品了。

第三，宝宝嗅觉、味觉发展的关键时期。

第四，宝宝已经可以吞咽糜糊状的食品。

6 个月大的宝宝已经能够很好地控制自己的头和身体，能自己把食物吐出来，随着挤压的条件反射消失，他们开始有意识地张开小嘴接受食物。他们已经可以把吸吮和吞咽的动作分开，舌头可以前后移动，把食物放在他们的舌头上，他们能够用舌头把食物移动到口腔后部，把细滑的糜糊状食物直接吞咽下去。

他们对食物的细微变化特别敏感，能够区别酸、甜、苦等不同的味道。这一时期是宝宝味觉发育嗅觉发育的关键期，他们的消化系统已经比较成熟，能够消化一些淀粉类、糜糊状食品。

早加辅食为什么不好

在宝宝胃肠功能的发育不完善时给宝宝添加辅食，宝宝不但不容易消化食物，还易因肠道内膜上皮细胞发育的不完整，出现过敏现象。

晚加辅食为什么不好

宝宝不容易接受新的食物，他的舌咽比较敏感，过晚加辅食，宝宝吃了东西后容易恶心、呕吐，所以最佳的辅食添加时间是宝宝满 6 个月时。

食物选择要点：好吸收，不易过敏

大家天天吃的食物通常很安全，而那些漂洋过海、远道而来的食物，未必适合中国宝宝的消化吸收系统。另外，还要注意选择应季和本地的食物。应季的食物顺应自然，吸收自然的精华，营养更丰富，而且人工干预少，有害成分也少。本地食物不需要经过长途运输和长时间的保存，被污染的机会也少，因此更新鲜。

先添加富含铁的高能量泥糊状食物

根据宝宝的发育特点，建议先添加富含铁的高能量泥糊状食物。给大家推荐几款此类食品：

猪肝泥、藕粉糊、鸡肝泥、红小豆泥、绿豆沙、鸡蛋黄、黑芝麻糊、小米粥、豌豆泥、瘦猪肉泥等。

辅食应保持食物原味

每一种食物都有它天然的味道，都有它自己的香味，我们应该让食物保持原味。

1 岁以前宝宝的辅食中不需要额外加糖，也不需要加调味品，尤其是盐。因为辅食里面的氯化钠已经足够了。1 岁以后的宝宝可以逐渐吃淡口味的膳食，但是每天盐的摄入量不要超过 1 克，我们成人的盐摄入量一般在 4 ～ 6 克。

顺应喂养和自主进食的重要性

顺应喂养的意思就是不要强迫喂养。吃辅食的主体是谁？是宝宝，不是我们家长。所以，在添加辅食的时候要注意以下几点：

第一，耐心喂养，鼓励进食，但是不强迫喂养。

第二，鼓励并协助宝宝用小勺或者用小碗自己进食，培养宝宝进食的兴趣。

第三，进食的时候关掉电视，不看电视，也不要让宝宝玩玩具，家长注意不要把手机放在餐桌上。

第四，每次进餐的时间不要超过 20 分钟。

第五，喂养者跟宝宝应该有充分的交流。

第六，平时不要用食物奖励或者惩罚宝宝。

第七，父母自己应该保持良好的进食习惯，成为宝宝的榜样。

适度平稳是最佳生长模式

不要盲目追求生长值的上限，适度平稳是最佳的生长模式。

孩子的身高、体型跟家族的遗传有很大的关系，大约占 70%，30% 要靠后天的营养和环境塑造。每 3 个月为宝宝测量一次身高、体重、头围，看看是不是有适度稳步的增长。宝宝突然长得很快，可能以后长得就比较慢。

参考世界卫生组织公布的婴幼儿成长曲线图进行评估，对于生长不良、超重肥胖，以及处在急、慢性疾病期间的婴幼儿，应该加强监测的次数。

不同月龄可添加的食物种类与先后顺序

宝宝的第一口辅食：婴儿含铁米粉

铁是人体必需的微量元素，我们全身都需要它，它是许多酶的重要成分，存在于向肌肉供给氧气的红细胞中。如今，缺铁性贫血已成为世界卫生组织确认的四大营养缺乏症之一，我们应注意为婴幼儿补铁。

铁是造血原料之一，人体中大部分的铁都存在于血液中。它和蛋白质结合成血红蛋白，在血液中参与氧的运输。人体缺乏铁质，就会影响许多酶的正常功效，从而导致缺铁性贫血。

6个月以下的宝宝体内存有来自母体的铁，这些铁可以满足宝宝的身体需求。母乳中虽然含铁量较少，但是含有一种很容易被消化和吸收的铁质，足以满足宝宝身体所需。当宝宝到了6个月大，由于生长发育迅速，出生时体内有限的铁质已经不够用了，如果父母没有在这时为宝宝补充铁质，宝宝有可能出现贫血。

所以，父母可以在宝宝6个月后为宝宝添加加强铁质的米粉，以确保宝宝的正常生长和发育。

宝宝6个月大后，父母应为其添加富含铁质的米粉及蔬菜泥等，既易消化，味道又好。

6 月龄

食物添加顺序与性状

顺序：一段米粉（适合辅食添加初期）→含铁的高能量泥糊状食物→根茎类蔬菜→性味平和的水果

性状：泥糊状

首先应该为 6 个月的宝宝添加含铁米粉，接下来就是肉泥、肝泥、蛋黄泥等富含铁的食物。待宝宝适应了这两类食物以后，可以添加一些根茎类蔬菜，比如土豆泥、红薯泥、胡萝卜泥，先添加蔬菜，再添加水果，从苹果、香蕉、梨、橙子这些性味平和的水果开始添加。刚开始添加的时候可以在果汁和果泥中加一点温水，把辅食做成细滑的泥糊状食品。在宝宝慢慢适应后，再渐渐地减少水分，增加辅食的粗糙感。

刚开始给宝宝添加辅食时，一定要注意加的量不要太大，从一小勺开始，一点点增量。1 岁以前的宝宝主要的食物仍然是母乳。辅食顾名思义，就是辅助的食物。辅食的量太大，宝宝消化吸收不了，还可能引起消化不良，使摄入的母乳量下降，使宝宝出现营养问题。

7～9 月龄

食物添加顺序与性状

顺序：二段米粉（适合 7～36 个月宝宝）→粥→蛋羹→豆腐→鱼、虾→更多种类蔬菜、水果

性状：颗粒状

为 7～9 个月大的宝宝准备辅食，可以添加的食物种类就更丰富了，一段米粉可以换成二段米粉，混合配方的米粉，可以喝粥，各种混合粥，还可以吃蛋羹、豆腐。对没有过敏史的宝宝，还可以在其辅食中添加鱼、虾、更多的蔬菜和水果，特别是深绿色的叶菜，最好每天的辅食中都有。

这阶段的宝宝舌头不仅能够前后运动，而且可以上下运动，可以闭着嘴靠舌头的蠕动和上颚配合，将软软的颗粒状食物碾成碎粒，碾成沫，搅和成泥糊状，再咽到咽部。给这个阶段的宝宝准备食物不可以切得太碎，太碎的食物不利于宝宝练习咀嚼和吞咽，也不利于增强宝宝舌头的灵活性。咀嚼功能差可能会拖累宝宝语言的发展。

刚开始添加辅食时量一定要少，之后逐渐加量。

10～12 月龄

食物添加顺序与性状

顺序：稠粥→软面食

性状：碎丁状

10～12个月龄的宝宝，基本上日常的食物都品尝过了，爸爸妈妈可以在辅食的形式上有更多的花样，比如，可以添加点稠粥、烂面条、小馄饨、小饺子、软饼等。10个月大的宝宝，牙齿一般有五六颗了，上边有四颗，下边有两颗。但是也有发育正常的宝宝，10个月甚至1岁才开始出牙。

这个阶段的宝宝舌头不仅能够上下活动，而且也能左右活动。不仅能用舌头碾碎食物，而且可以把食物推到口腔的左右，用牙床来咬碎食物，咀嚼食物。食物的性状从碎末状逐渐过渡到黄豆粒大小的碎丁状，硬度可以是像香蕉那样的硬度。

要根据宝宝的咀嚼能力决定添加的食物的性状，不能心急，也不可忽视宝宝能力的发展。

13～24 月龄

食物添加顺序与性状

顺序：整个鸡蛋→酸奶、奶酪

性状：碎块状

可以在1岁以后宝宝的辅食里放整个鸡蛋了，宝宝还可以吃酸奶、奶酪。这个时候宝宝的舌头已经能够自由活动，牙龈开始变硬，牙齿从前面的切牙到后面的磨牙都慢慢长出了，已经可以熟练地用牙龈咬碎食物了。

宝宝不仅能够将食物咬碎，而且可以根据食物的不同形状和硬度，改变自己咬的方式和咬的力度。但是无论如何，宝宝还不具备成人那样的咀嚼能力，因此食物还是要煮得软一点、切得小一点，应切成像玉米粒大小的碎块，硬度跟胡萝卜的硬度差不多就行。

制作工具不在多，只要用着顺手，以往的厨具都可以用来制作宝宝辅食。只是要注意卫生，生熟分开。

第二章

添加辅食的准备工作

俗话说：工欲善其事，必先利其器。好用的工具可以为照顾宝宝的人省下许多时间。将时间花在刀刃上，将节省下的分分秒秒转变为游刃有余的惬意时光，何乐而不为？

制作辅食需要用的工具

食物碎化工具

搅拌棒

可以制作少量的食物泥，容易清洁。建议尽量挑选质量可靠的品牌，并选择不锈钢材质的搅拌头，塑料搅拌头在搅打热食时会释放出塑化剂，对婴幼儿健康不利。

多功能料理机

可以将烹煮与搅打一机完成，功能强大，清洁起来也不麻烦。用多功能豆浆机也可以。

各式制泥工具

如磨碎器、磨泥器等厨房小五金，通常价格比较亲民，会一直派得上用场。此外，土豆压泥器、蒜头压泥器等也都可以充当辅食制泥用具。

辅食的保存与加热方法

制冰盒

制冰盒有什么用处呢？给宝宝煮面条的时候，加一勺鸡汤或者骨汤可增加营养。所以，家里可以提前熬制一锅汤，晾凉后分装在冰盒里冷冻起来，煮面的时候拿一块出来用就可以了。制冰盒建议选择聚丙烯材质或硅胶材质，以有盖者为佳。

玻璃保鲜盒

玻璃保鲜盒，附密封盖，可冷冻或烤箱加热。使用时可以将辅食盛入，放入冰箱冷藏室冷藏，需要时自冰箱取出放于室温稍微回温，再打开盒盖，将盒身放进小锅隔水加热即可。辅食吃新鲜的比较好，如实在需要冷藏保存，要用玻璃保鲜盒，不要用塑料盒。

保温罐

带宝宝外出，不锈钢宽口保温罐是上佳选择，不仅保温性能好，宽口还方便喂食。

电饭锅

可在煮饭时把胡萝卜、土豆等一起放入，省时省力一锅搞定。

宝宝开始吃辅食的好帮手

汤匙、叉子

建议随宝宝的小嘴长大而不断更换汤匙。

宝宝的第一支汤匙应尽量选择软质的，同时要有防止汤匙过度深入嘴内的特殊设计。如果妈妈习惯或者倾向于用不锈钢汤匙喂食，可以选购常见的咖啡匙，大小合适。

1岁左右的宝宝开始练习自行用餐，用弯弧状的学习叉匙比较合适，短柄的汤匙用起来比较容易也是不错的选择。

碗盘

宝宝碗盘的选择得分为三阶段讨论。

阶段一：6个月左右大的宝宝，辅食质地稀、汤汁多，在家里找一个陶瓷碗作为宝宝专用碗就好了。

阶段二：宝宝正学习自行用餐，建议选用重心低，不易打翻、打碎，容易挖取的碗盘。

阶段三：宝宝学会自行用餐，建议使用陶瓷或不锈钢碗盘。

围兜

布围兜或大人的旧T恤都可作为宝宝用餐时的防护衣物。

立体的口袋围兜软中带硬，和其他口袋围兜比起来能更有效地接到落下的汤汤水水，但也因为这软中带硬的特性，可能有些宝宝不愿意接受。

还有一种反穿衣，可以在宝宝吃饭、烘焙、画画、理发时穿。其优点是不会渗漏，缺点是夏天穿起来可能会比较热。

餐椅

一把好餐椅是宝宝养成良好用餐习惯的好帮手，让宝宝有归属感，并习惯定点用餐。在选择时应特别注意以下几项：

安全性：有没有安全带？是否稳固，有没有倾倒的危险？

清洁护理：是否容易藏污垢？是否容易清理？

尺寸大小：有些餐椅的尺寸较大，使用的时候可加个垫子填充；有些餐椅较小，可能宝宝不到两岁就不能用了。家长可以多方比较，参考自家的空间，选购适合的餐椅。

辅食添加的原则

每个宝宝的发育程度不同，每个家庭的饮食习惯也有差异，为宝宝添加的辅食品种、数量也会不同。但总的来说，为宝宝添加辅食应遵循以下原则：

由稀到稠，由细到粗

为适应宝宝的咀嚼能力，在刚开始添加辅食时，食物可以稀薄一些，使宝宝容易咀嚼、吞咽、消化；待宝宝适应之后，再逐渐改变辅食质地，从流质到半流质、糊状、半固体，再到固体。例如，先添米汤，然后添稀粥、稠粥，直至软饭；先给菜泥，然后给碎菜或煮熟的蔬菜粒。

为宝宝添加辅食时，每次只能加一种，待其适应后再添加新的辅食种类。

由少到多

给宝宝添加辅食，对宝宝来说需要一个学习和适应的过程。吃多吃少并不重要，因此不要给宝宝硬性规定一次必须吃多少。等宝宝完全适应一种辅食之后，再逐渐增加进食量。

由一种到多种

为宝宝添加其从未吃过的辅食时，每次只能加一种，5～7天后再试着添加另一种，逐步扩大辅食品种。有时候宝宝可能不喜欢新添加的食物，会把食物吐出来，这时家长要有耐心，可以反复地让宝宝尝试，但不要强迫宝宝吃。

常见的辅食添加误区

添加得过早或者过晚

过早添加：有些妈妈认识到辅食的重要性，认为越早添加辅食越好，可防止宝宝营养缺失。于是宝宝三四个月大就开始添加辅食。殊不知，过早添加辅食会增加宝宝消化系统的负担。因为婴儿的消化器官很娇嫩，消化腺不发达，分泌功能差，许多消化酶尚未形成，不具备消化辅食的功能。消化不了的辅食会滞留在腹中"发酵"，造成宝宝腹胀、便秘、厌食，也可能导致肠蠕动增加，使大便量和次数增加，从而造成腹泻。因此，6个月以内的宝宝忌添加辅食。

过晚添加：6个月的宝宝对营养、能量的需求大大增加了，光吃母乳或牛奶、奶粉已不能满足其生长发育的需要。而且宝宝的消化器官逐渐健全，味觉器官也发育了，已具备添加辅食的条件。同时，6个月也是宝宝的咀嚼、吞咽功能以及味觉发育的关键时期，延迟添加辅食，会使宝宝的咀嚼功能发育迟缓或咀嚼功能低下。另外，此时宝宝从母体中获得的免疫力已基本消耗殆尽，而自身的抵抗力正需要通过增加营养来产生，若不及时添加辅食，不仅会使宝宝的生长发育受到影响，还会使宝宝因缺乏抵抗力而引发疾病。

用奶瓶喂辅食

用奶瓶给宝宝喂辅食，会对宝宝以后的饮食习惯产生不良影响。家长耐心演示给宝宝看怎么吃，宝宝会慢慢接受汤匙的。

添加得过细或者过多

添加过细：有些妈妈担心宝宝的消化能力弱，给宝宝吃的都是精细的辅食。这会使宝宝的咀嚼功能无法得到应有的训练，不利于其牙齿的萌出和萌出后牙齿的排列。另外，食物未经咀嚼不利于味觉的发育，难以勾起宝宝的食欲，还会影响宝宝面颊的发育。长期下去，不但拖累宝宝的生长发育，还会影响宝宝的容貌。

添加过多：宝宝开始进食辅食后，妈妈不要操之过急，切忌不顾食物的种类和分量，任意给宝宝添加。因为宝宝的消化器官毕竟还很柔嫩，有些食物根本消化不了。任其发展，一来会造成宝宝消化不良，还会造成营养不平衡，让宝宝养成偏食、挑食等不良饮食习惯。

过早加盐和其他调味品

很多妈妈在给宝宝做肉泥、菜泥等辅食时，习惯按照自己的口味给宝宝加盐和其他调味品，觉得这样食物才有味道，宝宝才爱吃。其实，这是一种非常错误的做法。

宝宝的肾脏发育还不健全，如果辅食中的盐过多，会加重宝宝肾脏的负担。我国居民高血压高发与饮食中食盐的摄入量过多有关，如果人在婴儿期就习惯吃较咸的食品，长大后饮食也会偏咸，长期下去，患高血压的概率会大大增加。另外，婴儿的味觉正在完善，对调味品的刺激比较敏感，宝宝常吃加调味品的食物，易养成挑食或厌食的习惯。所以，别过早在宝宝的辅食中加盐和其他调味品。

宝宝生病时仍添加辅食

婴幼儿在感冒发热或腹泻生病期间，身体会处在高致敏状态，抵抗力低下，若这时再为其加辅食，就会加重其胃肠道负担，易导致过敏或引发胃肠道疾病。对1岁内的宝宝来说，增加辅食应在其身体状况良好的情况下进行，循序渐进，不能着急。新添加一种食物时，应严密观察其有无不适或过敏的现象，如有上述症状，应停止喂食这种辅食。宝宝若出现休克、荨麻疹等过敏症状，应及时送医院治疗。

把零食当作辅食

主食以外的糖果、饼干、点心等就是零食。已经能够吃一些固体辅食的10个月大的宝宝，也可以适当吃一些零食。但宝宝的胃容量很小，消化能力有限；宝宝口中老是塞满食物也容易引发龋齿，尤其是含糖食品，还会影响宝宝的食欲和对营养的吸收。此外，如果宝宝手里老是拿着零食，做游戏的机会就会相应减少，学讲话的机会也会减少，久而久之会影响其语言能力及社会交往能力的发展。

和别人家孩子的食量相比较

妈妈要根据宝宝的营养需求、消化能力和发育水平及时适量地给宝宝补充营养，不要盲目和别人家的孩子比较吃多吃少，甚至吃什么。

宝宝消化蛋白质、脂肪、维生素、矿物质等营养素的能力是逐步成熟的，过早地添加辅食反而有害。如某些蛋白质通过肠壁进入宝宝体内成为抗原，会诱发过敏反应。此外，肠黏膜对营养素的吸收能力、对有害物质的阻断作用也要随着宝宝的生长进一步完善。因此，添加辅食时，应根据宝宝的消化能力，先添加谷类食品，然后加水果、蔬菜，最后加肉类食品。

鱼、肉、大豆制品可以补充蛋白质，鱼类的纤维细、短、嫩，容易消化，适合刚开始吃荤菜的小宝宝；猪肉、牛肉、羊肉的纤维长、粗，但含有更多的铁、锌等微量营养素，适合年龄稍大的宝宝。

辅食补足宝宝成长所需的营养

6个月以内的宝宝体内还有母体带来的多种营养物质，单纯的母乳或奶粉喂养就可以满足其机体生长发育的需要。但随着月龄的增长，宝宝身体发育需要的营养素愈来愈多。从表面上来看宝宝吃的奶量是足够的，但是摄入的各种营养素却不足，如蛋白质、铁、钙、维生素等。当宝宝的体重长到一定程度时，奶量也变得不够，此时单靠母乳喂养或奶粉喂养，根本不能满足宝宝生长发育需要。所以，必须在适当的时候添加辅助食品。无论是母乳喂养、混合喂养还是人工喂养的宝宝，都要及时添加辅食。

提供热量、维生素和微量元素

给宝宝添加辅食，应先单一食物后混合食物，先流质食物后固体食物，先谷类、水果、蔬菜，后鱼、肉。千万不能在刚开始添加辅食时，就给宝宝吃鱼、肉等不容易消化的食物。要按不同月龄，添加适宜的辅食品种。

帮助宝宝适应不同的食物形态

不同月龄的宝宝，其咀嚼、吞咽的能力不同。一般来说，6个月的宝宝适合添加半流质、细腻嫩滑的辅食，如米粉糊、水果泥、菜泥等，其主要目的是让宝宝习惯用勺进食。

7～9个月宝宝的辅食可以稠厚一些，如肝泥、肝粉、面条、饼干、肉末、碎菜等，以训练宝宝的咀嚼和吞咽能力。10个月以上的宝宝，辅食以半固体、固体为主，如软饭、面包、馒头、碎肉、菜等，以便使宝宝能获得足够的热量和各种营养素，并帮助他们逐渐向成人饮食过渡。

以上这些循序渐进的做法会让宝宝更容易尝试和适应不同的食物形态。

训练宝宝咀嚼等多方面能力

6个月以后的宝宝，母乳已经不能完全满足他们的营养需求，此时就需要通过添加各种辅食来补充。

辅食可以锻炼宝宝的咀嚼、吞咽能力，为他们日后独立吃饭做准备，因为辅食一般为半流质或固态食物。另外，宝宝的饮食逐渐从单一的奶类过渡到多样化的食物，这也是在为断奶做准备。

辅食还有利于宝宝的语言发展。宝宝在咀嚼、吞咽辅食的同时，还能充分锻炼口周和舌部的小肌肉，这对其今后准确地模仿发音、发展语言能力有着重要意义。

辅食还能帮助宝宝养成良好的生活习惯。从6个月起，宝宝逐渐形成固定的饮食、睡眠等各种生活习惯。因此，在这一阶段及时科学地添加辅食，有利于宝宝建立良好的生活习惯，使宝宝终身受益。

辅食还能开启宝宝的智力。研究表明，添加辅食恰恰可以调动宝宝的多种感觉器官，而眼、耳、鼻、舌、身的视、听、嗅、味、触等感觉给予宝宝的多种刺激，可以丰富他的经验，启迪智力。

应根据婴幼儿的年龄、营养需求、咀嚼和消化能力的不同，制订合理膳食计划，满足婴幼儿每天对营养素的需要。

父母必须了解的营养食材

高钙食材

营养解读

钙是人体内含量最多的矿物质，大部分存在于骨骼和牙齿之中。钙和磷相互作用，帮助制造健康的骨骼和牙齿；它还和镁相互作用，维持心脏和血管的健康。一般6个月内的宝宝每天需要300毫克钙，7～12个月的宝宝每天需要400～600毫克钙。

生理功能

钙是构成骨骼、牙齿的主要成分；可降低神经肌肉的兴奋性和维持心肌的正常收缩；可降低毛细血管和细胞膜的通透性；参与凝血过程。

主要来源

钙的主要来源于：海产品，如鱼、虾皮、虾米、海带、紫菜等；豆制品；鲜奶、酸奶、奶酪等奶制品；蔬菜中的金针菜、胡萝卜、小白菜、小油菜等。此外，鸡蛋的含钙量也较高。

缺乏表现

宝宝缺钙时常表现为：多汗（与温度无关），尤其是入睡后头部出汗，使宝宝头颅不断摩擦枕头，久之，颅后可见枕秃圈；精神烦躁，对周围环境不感兴趣；夜间常突然惊醒，啼哭不止；出牙晚，前囟门闭合延迟；前额高突，形成方颅；缺乏维生素D和钙常出现串珠肋，即肋软骨增生，各个肋骨的软骨增生连起似串珠样，常压迫肺脏，使宝宝通气不畅，容易患气管炎、肺炎；缺钙严重时，肌肉肌腱均松弛，表现为腹部膨大、驼背，1岁以内的宝宝站立时呈X型腿、O型腿。

高铁食材

营养解读

铁是造血原料之一。宝宝出生后会贮存由母体获得的铁，可供3～4个月之需。由于母乳、牛奶中含铁量都较低，如果6个月后不及时添加含铁丰富的食品，宝宝就易出现营养性或缺铁性贫血。婴幼儿每天铁的供给量为10～12毫克。

生理功能

铁与蛋白质结合形成血红蛋白，在血液中参与氧的运输；构成人体必需的酶，参与各种细胞代谢的最后氧化阶段及二磷酸腺苷的生成。

主要来源

富含铁的食物有：动物的肝、心、肾，蛋黄，瘦肉，黑鲤鱼，虾，海带，紫菜，黑木耳，南瓜子，芝麻，黄豆，绿叶蔬菜等。另外，动植物食品混合吃，铁的吸收率可以增加1倍，因为富含维生素C的食品能促进铁的吸收。

缺乏表现

铁元素缺乏最直接的危害就是造成宝宝缺铁性贫血。患缺铁性贫血的宝宝常常表现为：疲乏无力；面色苍白；皮肤干燥、角化；毛发无光泽、易折、易脱；指甲条纹隆起，严重者指甲扁平，甚至呈"反甲"；易患口角炎、舌炎、舌乳头萎缩。一些患缺铁性贫血的宝宝还会有"异食癖"，如喜食泥土、墙皮、生米等，约 1/3 患缺铁性贫血的宝宝可出现神经精神症状，易怒、易动、兴奋、烦躁，甚至出现智力障碍。

宝宝年龄越小，需要的优质蛋白质比例越高。富含优质蛋白质的食物主要有牛奶、蛋类、瘦肉类、大豆与大豆制品等。

高锌食材

营养解读

锌是人体生长发育、生殖遗传、免疫、内分泌等重要生理过程中必不可少的物质。母乳所含的锌生物利用率比较高，牛奶喂养的宝宝更应该尽早添加富含锌元素的辅食。另外，断乳期辅食添加应充足，喂养要适当，以免宝宝出现锌摄入不足的问题。关于锌的摄入量，1~6 个月的宝宝每天为 3 毫克，7~12 个月的宝宝每天为 8 毫克。

生理功能

参与酶的合成与激活；加速生长发育；维持正常食欲；维持正常的免疫功能；促进伤口愈合；对维生素 A 的代谢及视力发育有重要作用；维持脑的正常发育；促进和维持性机能。

主要来源

含锌量高的食物有牡蛎、蛏子、扇贝、海螺、海蚌、动物肝脏、禽肉、瘦肉、蛋黄、蘑菇、豆类、小麦芽、酵母、干酪、海带、坚果等。一般说来，动物性食物含锌量比植物性食物含锌量高。

缺乏表现

缺锌会导致宝宝味觉变差、厌食，智力减退，生长发育迟缓及性晚熟等，还易导致"异食癖"、皮肤色素沉着、皮炎等。此外，缺锌还会使宝宝免疫力降低，增加腹泻、肺炎等疾病的感染率。患有佝偻病和贫血的宝宝多缺锌。

高维生素食材

维生素 A

营养解读

维生素 A 是脂溶性物质，可以贮藏在人体内。维生素 A 有两种，一种是维生素 A 醇，它是最初的维生素 A 形态，只存在于动物性食物中；另一种是 β - 胡萝卜素，可以在人体内转变为维生素 A。从植物性及动物性食物中都能摄取维生素 A。

生理功能

促进牙齿、骨骼正常生长；保护表皮、黏膜，使皮肤不易受细菌伤害；调节上皮组织细胞的生长，防止皮肤黏膜干燥、角质化；适应外界光线的强弱，降低夜盲症的发生率，可缓解眼球干燥与结膜炎等疾患；增强对疾病的抵抗力；有抗氧化作用，可以中和有害的游离基。

主要来源

动物性食品，如鱼肝油、肝、奶油、全脂乳酪、蛋黄等；植物性食品，如深绿色有叶蔬菜、黄色蔬菜、黄色水果等，像菠菜、豌豆苗、青椒、胡萝卜、南瓜、杏等均含有丰富的维生素 A。

缺乏表现

缺乏维生素 A 的宝宝皮肤干涩、粗糙，浑身起小疙瘩，形同鸡皮；头发稀疏、干枯，缺乏光泽；指甲变脆，形状改变；眼睛结膜与角膜（俗称黑眼仁）亦发生病变，轻者眼干、畏光、夜盲，重者黑眼仁混浊、形成溃疡，最后穿孔而失明。

维生素 D

营养解读

维生素 D 是一种脂溶性维生素，存在于部分天然食物中。受紫外线的照射后，人体内的胆固醇能转化为维生素 D。婴幼儿生长发育很快，对维生素 D 的需求量相对较大。

生理功能

提高机体对钙、磷的吸收，使血浆钙和血浆磷的水平达到饱和；促进生长和骨骼钙化，有利于牙齿健康；通过肠壁增加对磷的吸收，并通过肾小管增加对磷的再吸收；维持血液中柠檬酸盐的正常水平；防止氨基酸通过肾脏流失。

主要来源

天然的维生素 D 来自于动物和植物，如鱼肝油、鱼子、蛋黄、奶类、蕈类、酵母、干菜等。人体皮下组织中有一种胆固醇，经日光中紫外线的直接照射后，也可以变为维生素 D。

缺乏表现

缺乏维生素 D 会导致小儿佝偻病的发生，其体征按宝宝月龄和活动情况而不同。6 个月龄内的宝宝会出现乒乓头（指 3 ~ 6 个月宝宝出现的颅骨软化现象，表现为手指按压枕骨或顶骨中央，会出现内陷；手指放松，颅骨又弹回），5~6 个月龄的宝宝可出现肋骨外翻、肋骨串珠、鸡胸、漏斗胸等，1 岁左右宝宝学走时可出现 O 型腿、X 型腿等体征。

维生素 E

营养解读

维生素 E 是一种具有抗氧化功能的维生素，对婴幼儿来说，维生素 E 对维持机体的免疫功能、预防疾病起着重要的作用。

生理功能

促进蛋白质更新合成；调节血小板的黏附力和抑制血小板的聚集；降低血浆胆固醇水平，预防动脉粥样硬化；抗衰老，能维持正常生殖机能。

主要来源

各种食用油（小麦胚芽油、棉籽油、玉米油、花生油、芝麻油）、谷物的胚芽、许多绿色植物、肉、奶油、奶、蛋等都是维生素 E 良好的来源。

缺乏表现

缺乏维生素 E 的宝宝，主要表现为皮肤粗糙干燥、缺少光泽、容易脱屑以及生长发育迟缓等。

维生素 K

营养解读

维生素 K 又叫凝血维生素，在自然界中分布广泛，一般的动物（包括人类）肠道内微生物均可以合成维生素 K。自然界目前已经发现的维生素 K 有两种：存在于绿叶植物中的维生素 K_1，来自于微生物的维生素 K_2。另外，人工也合成了两种：维生素 K_3、维生素 K_4。其中，最重要的是维生素 K_1 和维生素 K_2。

生理功能

帮助血液凝结，是凝血酶原、转变加速因子、抗血友病因子和司徒因子等四种凝血蛋白在肝内合成必不可少的物质。

主要来源

维生素 K 多存在于鱼、鱼子、肝、蛋黄、奶油、黄油、干酪、肉类、奶、水果、坚果、蔬菜及谷物等食物中；肠道内的大肠杆菌也能提供人体所需要的维生素 K。

缺乏表现

缺乏维生素 K 的宝宝，身上容易因轻微的碰撞而发生瘀血；严重缺乏维生素 K 的宝宝口腔、鼻子、尿道等处的黏膜易无故出血，更严重的甚至出现内脏及脑部出血。

B 族维生素

营养解读

B 族维生素是水溶性物质，主要参与人体的消化吸收和神经传导。B 族维生素又可以分为维生素 B_1、维生素 B_2、维生素 B_6、维生素 B_{12} 等。

生理功能

维生素 B_1

在人体中与磷酸结合，能刺激胃蠕动，促进食物排空，增进食欲，并具有营养神经、维护心肌、消除疲劳等作用。

维生素 B_2

它是构成黄酶的辅酶，参加新陈代谢，能促进细胞的氧化还原。

维生素 B_6

它是机体内许多重要酶系统的辅酶，是宝宝正常发育所必需的营养成分。

维生素 B_{12}

它是宝宝身体制造红细胞和保持免疫系统正常的必要物质。

主要来源

维生素 B_1 主要来自于谷类、豆类、酵母、干果及动物内脏、瘦肉、蛋类、蔬菜等；维生素 B_2 主要来自于动物内脏、禽蛋类、奶类、豆类及新鲜绿叶蔬菜等；维生素 B_6 主要来自于小麦麸、麦芽、动物肝脏与肾脏、大豆、甘蓝菜、糙米、蛋、燕麦、花生、胡桃等；维生素 B_{12} 主要来自于动物肝脏、牛肉、猪肉、蛋、牛奶、奶酪等。

缺乏表现

缺乏维生素 B_1 会引起消化不良，有时还会引起手脚发麻及多发性神经炎和脚气病；缺乏维生素 B_2 时，宝宝容易出现口臭、睡眠不佳、精神倦怠、皮肤"出油"、皮屑增多等症，有时还会有口腔黏膜溃疡、口角炎等症。维生素 B_6、维生素 B_{12} 是神经细胞代谢所必需的物质，缺乏时可表现出皮肤感觉异常、毛发稀黄、精神不振、食欲下降、呕吐、腹泻、营养性贫血等。

有些宝宝晚上常哭闹，胃口又不好，很多妈妈以为这是缺钙的表现，其实可能是宝宝缺少维生素 B_1。维生素 B_1 在五谷杂粮中含量最高，所以，给宝宝吃五谷杂粮是非常必要的。

维生素 C

营养解读

维生素 C 是水溶性物质，富含维生素 C 的食品很多，所以正常哺喂基本可以满足宝宝身体对维生素 C 的需求。1 岁以内的宝宝每日所需维生素 C 量为 40～50 毫克。

生理功能

维生素 C 可维持细胞的正常代谢，保护酶的活性；促进氨基酸中酪氨酸和蛋氨酸的代谢，促使蛋白质细胞互相牢聚；改善铁、钙的吸收和叶酸的利用率；改善脂肪和类脂（特别是胆固醇）的代谢，预防心血管疾病；促进牙齿和骨骼的生长，防止牙龈出血；增强机体对外界环境的抗应激能力和免疫力，减弱许多能引起过敏症的物质的作用；促进骨胶原的生物合成，利于伤口更快愈合，并能够预防败血病。

主要来源

富含维生素 C 的鲜果有猕猴桃、枣类、柚子、橙子、草莓、柿子、番石榴、山楂、荔枝、龙眼、芒果、无花果、菠萝、苹果、葡萄；蔬菜中苤蓝、雪里蕻、苋菜、青蒜、蒜苗、香椿、菜花、苦瓜、辣椒、甜椒、荠菜等的维生素 C 含量也较多。

缺乏表现

缺乏维生素 C 时机体抵抗力会减弱、易患疾病，表现在宝宝身上最常见的是经常性的感冒。维生素 C 还参与造血代谢等多项生理活动，缺乏时易有出血倾向，如皮下出血、牙龈肿胀出血、鼻出血等，同时伤口不易愈合。

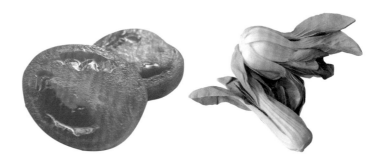

有些宝宝不爱吃蔬菜，妈妈也不要强迫，隔段时间再尝试让宝宝吃。在此期间，可以喂食营养成分相似的替代品。

四季营养配餐方案

春季营养配餐方案

春季应多给宝宝提供富含钙和维生素的食品，如虾皮、海鱼、贝类、海带、虾类、绿色蔬菜、牛奶和豆制品等，以保证宝宝得到充足的营养。春季，食味宜减酸，以甘为主，因为春季肝气旺会影响脾，多吃甜食可增强脾的功能。妈妈可为宝宝提供冰糖、枸杞、桂圆、红枣、红糖等食物，以增强宝宝的抵抗力，促进宝宝健康成长。

夏季营养配餐方案

夏季天气炎热，宝宝出汗较多，消化功能弱、易出现食欲不振，是宝宝体能消耗最大的季节。夏天应多给宝宝吃清淡消暑的食品，如绿豆、苦瓜、丝瓜、西瓜翠衣、菊花、冰糖等。同时，为保证蛋白质的摄入量，应选择精猪肉、鱼类、禽肉等食物。禽肉营养价值与畜肉相似，但禽肉脂肪含量少，其所含的氨基酸与人体组织蛋白质结构相近，生物学价值高，易被人体消化吸收。

秋季营养配餐方案

秋季多风干燥，再加上夏日人的体液消耗过多，所以食物应以滋阴润肺为原则，多给宝宝吃新鲜果蔬，如柑橘、桃、橄榄、秋梨及新鲜蔬菜等。同时增加芝麻、乳品、蜂蜜、核桃、红枣等具有润肺养血作用的食物的供应。

冬季营养配餐方案

冬季天气寒冷，宝宝既要储存热量抵抗寒冷，又要摄取身体生长需要的营养。可给宝宝适量的甜食，如小汤圆、红豆、芋头、红薯、红烧小肉等菜肴和点心。为宝宝提供由冰糖、葱白、白菜、白萝卜熬煮的三白汤，或由老姜、大蒜、红枣、红糖等熬煮的具有驱寒、防感冒效果的保健营养汤。

根据四季气候的变化给宝宝搭配食物，使宝宝茁壮成长。

第三章

给宝宝添加辅食的几个阶段

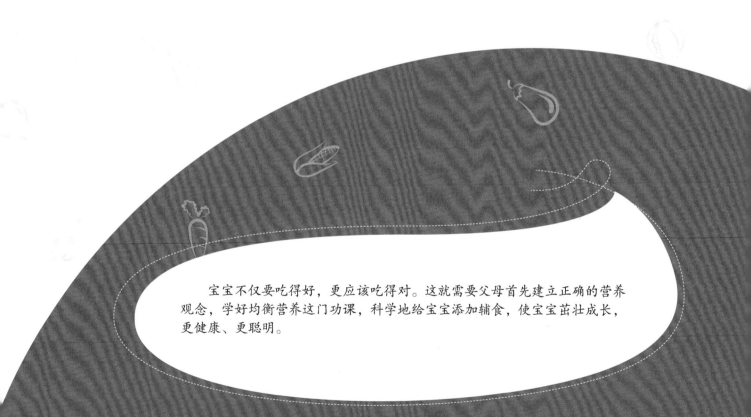

宝宝不仅要吃得好，更应该吃得对。这就需要父母首先建立正确的营养观念，学好均衡营养这门功课，科学地给宝宝添加辅食，使宝宝茁壮成长，更健康、更聪明。

6个月，辅食添加早期：吞咽型

随着不断长大，宝宝需要的能量及营养素也在不断增加，到出生6个月后，母乳所提供的营养已经不能满足宝宝生长发育的需要，应根据宝宝的身体发育情况适当添加辅食。辅食类型应为吞咽型，质地为稀泥糊，首先应尝试米糊，再逐渐添加煮熟的新鲜蔬果泥、蛋黄泥和鱼肉泥。身体发育稍慢的宝宝可以先尝试水果汁等流质辅食。

宝宝食谱设计要点

宝宝长牙了

宝宝出牙有快有慢，许多宝宝在16个月大时，下面的两颗门牙就露出来了，但也有的宝宝快到1岁时才长牙。出牙期间，宝宝的口水会增多、牙床发痒，抓住什么咬什么，情绪也不如从前，会出现睡眠不好、喝奶减少的现象，这是因为出牙时有点痒或疼痛。妈妈可以给宝宝准备由硅胶制成的磨牙器或是磨牙棒，让宝宝放在口中咀嚼。

继续提倡母乳喂养，少量接触辅食

世界卫生组织提倡，6月龄以上的宝宝可在母乳喂养的基础上逐渐且少量添加辅助食品，以补充营养。为使宝宝逐步地适应母乳以外的食物，包括不同性状的食物，让其接受咀嚼和吞咽训练，在这个过程中，母乳仍然是主要且首选的食品。辅助食品包括果汁、菜汁等液体食物，米粉、果泥、菜泥等泥糊状食物，软饭、热面，以及切成小块的水果、蔬菜等固体食物，简称为"辅食"。

添加有营养的辅食

因为宝宝食量有限，爸爸妈妈不要随便给宝宝添加辅食，应选择添加有营养的辅食，不要限于碳水化合物为主的米粉、面糊，要辅以富含蛋白质、维生素、矿物质等营养素的食品，如蛋、肉、蔬菜、水果等。所以，把给宝宝喂了多少粥、多少面条、多少米粉作为添加辅食的标准是不对的。

从6个月开始，宝宝进入转乳期，辅食应以谷类粥或烂面为主（以产生消化和吸收食物的热量），

乳牙萌出后，应适当增加食物硬度，让宝宝多咀嚼，可以促使牙齿萌出，有利于牙齿、颌骨的正常发育。

加上含蛋白质较多的豆类、肉类、鱼类、蛋类及供给热量的油脂、含有丰富矿物质和维生素的蔬菜、水果等。一般谷物与豆、肉、鱼、蛋的比例约是 3：1 或 2：1。

多摄取有利于乳牙生长的营养物质

乳牙的生长需要多种营养素，如适量的钙、磷、氟等矿物质及维生素，尤其是有助于牙床健康的维生素。

适量的钙会让乳牙长大，坚硬度强，不容易折断；适量的氟可以增加乳牙的坚硬度，让牙齿不受腐蚀，不易发生龋齿；摄入充足的蛋白质会让宝宝的牙齿排列更整齐，确保牙周组织健康，不容易产生龋齿；维生素 A 让宝宝出牙时间正常；维生素 C 可让牙齿发育良好（如缺少，可使牙骨萎缩，牙龈容易水肿"出血"）；缺乏维生素 D，会使宝宝牙齿小且牙距间隙大。

这段时期，最好限制宝宝摄入过多糖类，以减少日后发生龋齿的概率。

添加辅食后可能出现的反应

宝宝 6 个月大就可以添加辅食，但是添加辅食的时候，奶量不要减少得太多、太快。开始添加辅食时还要继续保持原有的奶量，因为这时添加的辅食量较少，宝宝的食物还是以奶为主，每天要保证摄取 700～800 毫升奶量。如果给宝宝过多吃辅食，如粥、米糊等，会使宝宝虚胖、不结实。

有的爸爸妈妈会发现，宝宝吃辅食后变瘦了，这可能是因为辅食的品种或数量不太适合宝宝，里面的营养素不能满足宝宝生长发育的需要，如缺铁、缺锌会导致宝宝贫血、食欲不佳，影响宝宝的生长发育。

烹调辅食一定要考虑宝宝的消化特点，如开始喝的稀饭一定要做烂，要是看不到米粒的那种粥，以利于消化。过早给宝宝吃软饭，宝宝不能很好地消化，会导致宝宝因营养不良而消瘦。

父母可能遇到的问题

第一次给宝宝添加辅食要怎么做

许多妈妈都会有这样的困惑：第一次给宝宝添加辅食该选择哪一种食物？什么时间添加宝宝更易接受？一次喂多少比较合适？

第一次添加辅食首选米糊、菜泥和果泥，可以在确保宝宝的日常奶量正常的基础上适当添加。

米糊一般可用市售的婴儿营养米粉来调制，也可把大米磨碎后自己制作。购买成品的婴儿米粉应注意宝宝的月龄，按照产品的说明书配制米糊。果泥要用新鲜水果制作，菜泥在制作中不要加糖、盐、味精等调料。

宝宝第一次尝试辅食最理想的时间是哺乳中间。尽管辅食能提供热量，但此时乳汁仍然是宝宝的主要食品。因此，妈妈应该先给宝宝喂食通常一半的奶量，再给宝宝喂1～2汤匙新添加的辅食，然后继续给宝宝喂奶。这样，宝宝会慢慢习惯新食品，待宝宝习惯后可渐渐增加辅食的量和种类。

第一次给宝宝喂辅食不宜多。刚开始喂辅食，妈妈只需准备少量的食物，用小汤匙舀一点点轻轻地送入宝宝的口里，让他自己慢慢吸吮、品咂。

母乳与辅食如何搭配

开始给宝宝添加辅食时，应注意母乳和辅食的合理搭配。有的妈妈生怕宝宝营养不足，早早开始添加辅食，且品种多，喂得也比较多，结果使宝宝积食不消化，连母乳都拒绝了，这样反而会影响宝宝的生长。添加辅食最好遵循以下步骤：

开始时
先让宝宝一日喝三顿奶的时间规范为早中晚。

6个月后
可在宝宝晚上入睡前喂两口掺牛奶的米粉糊，这样可使宝宝一整个晚上不再因饥饿醒来，尿量也相应减少，有利于母子休息安睡。但初喂米粉糊时，要注意观察宝宝是否有吃糊后较长时间不思母乳的现象，如果有，可适当减少米粉糊的喂量或稠度，不要让它影响宝宝对母乳的摄入。

在哺喂小宝宝时，选择光线柔和、温度适宜、相对安静的环境，可使宝宝心情舒畅、情绪安定，有利于食物营养的消化和吸收。

8个月后

可在米粉糊中加少许菜汁、蛋黄，也可在两次喂奶间喂宝宝一些苹果泥（用匙刮取即可）、西瓜汁、香蕉等，尤其是当宝宝喝了牛奶后有大便干燥现象时，西瓜汁、香蕉、苹果泥、菜汁都有软化大便的功效。

10个月后

可增喂一次米粉糊，并在米粉糊中加入碎肉末、鱼肉末、胡萝卜泥等，也可适当喂小半碗面条。牛奶上午、下午可各喂一奶瓶，此时的母乳营养对宝宝而言已渐渐不足，可适当减少母乳喂养的次数（如上午、下午各减一次），以后随月龄的增加逐渐减少母乳喂养次数，以便宝宝逐渐过渡到可完全摄食自然食物。

儿科主任医师叮咛：开始喂辅食时一次只能喂一种新的食物，等宝宝适应后，再添加另外一种新的食物。

自己做的好还是买的好

自己做的辅食和市售的辅食各有优缺点。市售的婴儿辅食最大的优点是方便，即开即食，能为妈妈们节省大量的时间。同时，大多数市售婴儿辅食的生产受到严格的质量监控，营养成分和卫生状况均有保证。因此，如果没有时间为宝宝准备合适的食物，而且经济条件许可，不妨选用一些有质量保证的市售婴儿辅食。但妈妈们必须了解的是，市售婴儿辅食无法完全代替家庭自制的婴儿辅食。因为市售的婴儿辅食没有各家各户的特色风味，且宝宝最终还是要吃家庭自制的食物，适应家庭的口味。在这方面，家庭自制的婴儿辅食显然有着很大的优势。

因此，是自制辅食还是购买婴儿辅食，应根据家庭情况而定。

宝宝不愿意吃辅食怎么办

初喂辅食时，宝宝吐出来的食物可能比吃进去的还要多，有的宝宝在喂食中会将头转过去，避开汤匙或紧闭双唇，甚至可能一下子哭闹起来，拒绝吃辅食。遇到类似情形，妈妈不必紧张。

宝宝从吸吮进食到吃辅食需要一个过程。在添加辅食以前，宝宝一直是以吸吮的方式进食的，而米粉、果泥、菜泥等辅食需要宝宝吃下去，也就是先要将勺子里的食物吃到嘴里，然后通过舌头和口腔的协调运动把食物送到口腔后部，再吞咽下去，这对宝宝来说是一个很大的飞跃。因此，刚开始添加辅食时，宝宝会很自然地顶出舌头，似乎是要把食物吐出来。

宝宝不爱吃辅食还可能是不习惯辅食的味道。新添加的辅食或甜，或咸，或酸，这对只习惯奶味的宝宝来说也是一个挑战，因此刚开始时宝宝可能会拒绝新味道。

妈妈需弄清宝宝不愿吃辅食的原因。对不愿吃辅食的宝宝，妈妈应该弄清是因为宝宝没有掌握进食的技巧，还是他不愿意接受这种新食物。此外，宝宝情绪不佳时也会拒绝吃新的食物，妈妈可以在宝宝情绪好时让他多尝试，慢慢让他掌握进食技巧，并通过反复的尝试让宝宝逐渐接受新的食物口味。

妈妈要掌握一些喂养技巧，喂宝宝辅食时需注意：食物温度应为室温或比室温略高一些，这样宝宝会比较容易接受新的辅食；勺子应大小合适，每次喂时只给一小口；将食物送进宝宝嘴的后部，便于宝宝吞咽。

怎样逐步添加米粉

宝宝长到 6 个月时就应该及时科学地添加辅食，其中很重要的辅食是婴儿米粉。对添加辅食期的宝宝来说，婴儿米粉相当于我们成人吃的主食，其主要营养成分是碳水化合物，是婴儿的主要能量来源。因此，及时而正确地给宝宝添加米粉非常重要。

正确冲调婴儿米粉

冲调米粉的水温要适宜。水温太高，米粉中的营养容易流失；水温太低，米粉不易溶解，混杂在一起会结块，宝宝吃了易消化不良。比较合适的水温是 70~80℃，一般家庭用饮水机里的热水泡米粉是没有问题的。冲调好的米粉不宜再烧煮，否则米粉里的水溶性营养物质容易被破坏。

从单一种类的营养米粉开始

起初，先给宝宝添加单一种类、第一阶段的婴儿营养米粉，若宝宝无法接受某种特定的米粉或吃了某米粉消化不良，就可以确定这种米粉不适合宝宝。

更换口味需相隔数天

试吃第一种米粉后，如宝宝未出现不良反应，可隔 3~5 天再添加另一种口味的第一阶段米粉。每次为宝宝添加的新口味食物都应与上次相隔数天。

起初将米粉调成稀糊状

用温奶或温开水冲调一汤匙米粉，多用点水将米粉调成稀糊状，让其更容易流入宝宝口内，使宝宝更易吞咽。

进食量由少到多

初次进食量以一汤匙为宜，待宝宝熟悉了吞咽固体食物的感觉后，可增加到 4~5 汤匙。

宝宝吐出食物，妈妈需耐心对待

对宝宝来说，尝试新食物是一种全新的体验。他可能不会马上吞下去，或者扮一个鬼脸，或者吐出食物。这时，妈妈可以等一会儿再继续尝试。有时可能要尝试很多次，宝宝才会吃这些新鲜口味的食物。

米粉可以吃多长时间

宝宝吃米粉并没有具体的期限，一般在宝宝的牙齿长出来，可以吃粥和面条时，就可以不吃米粉了。

如何循序渐进地添加果泥及菜泥

添加蔬菜泥和水果泥的方式与米粉相同，每次只添加一种，隔几天再添加另一种。要注意观察宝宝是否对添加的食物过敏。

先从单一种类开始添加

先给宝宝吃单一种类的水果泥或菜泥，然后再添加其他口味。待宝宝吃辅食的能力提高后，便可增加喂食量。

先让宝宝尝试吃蔬菜泥

虽然从营养学的角度来看，进食的次序并不是很重要，但由于水果较甜，宝宝会较喜欢，所以一旦宝宝对水果有所偏爱，就很难对其他蔬菜感兴趣了。

进食分量由少到多

初次进食从1汤勺开始，随着时间的推移，逐步增加食用量。

宝宝什么时候可以吃盐

6个月以内的宝宝由于肾脏功能尚未发育完善，所以不宜吃食盐，以纯母乳喂养为最佳选择。6个月以后，宝宝开始吃辅食，最早是米粉糊，它可以是淡味的，也可以加少量盐或糖。再往后，宝宝开始吃水果、蔬菜以及各种动物性食物（如蛋黄、鱼泥、肝泥、肉末等）。添加蔬菜及动物性食物时，可以略加一些食盐来调味，以增进食欲。但是，宝宝食品的味道不能以成人的口味为标准，过多的食盐不但影响食物口感，还会增加宝宝肾脏的负担，最好在宝宝1岁以后再添加食盐。

从添加辅食之初就应有意识地培养宝宝对食物的喜好，尽量给宝宝吃天然的食物。一开始就建立健康的饮食习惯，会让宝宝受益一生。

一日食谱范例

06：00　　母乳或配方奶 200 毫升

08：00　　鸡肝泥适量

10：00　　水果藕粉适量，牛奶 150 毫升

12：00　　蔬菜汁 80 毫升

14：00　　母乳或配方奶 200 毫升

18：00　　蔬菜泥 20 克

22：00　　母乳或配方奶 200 毫升

02：00　　母乳或配方奶 200 毫升

营养辅食方案

鲜橙汁 富含维生素 C

准备时间	制作时间	烹饪方式	制作难度
5分钟	5分钟	榨	★☆☆

原料

鲜橙子2个
温开水适量

做法

1. 将鲜橙子洗净，对半切开，去皮取果肉，放在榨汁机中榨出橙汁。
2. 加入适量温开水即可。

儿童营养管理师解读

鲜橙子色泽金黄、酸甜适口，含有丰富的维生素 C、维生素 B_1 和维生素 B_2、烟酸，特别是维生素 C 含量丰富。宝宝饮用可增强抵抗力。依此法还可制作鲜桃汁、西瓜汁、鲜梨汁等。

✚儿科主任医师叮咛

制作时，要特别注意工具的卫生。给宝宝喂新的食物后要注意观察宝宝是否有不适，是否过敏等。

油菜汁 富含纤维素

准备时间	制作时间	烹饪方式	制作难度
5分钟	5分钟	煮	★☆☆

原料

油菜叶 6 片

水适量

做法

1. 在小锅内加水煮沸，将油菜叶洗净，切碎后放入小锅中的沸水内，1 分钟后关火。
2. 晾凉后滤出油菜叶，将汁倒入容器内即可。

儿童营养管理师解读

含有纤维素，可帮助宝宝缓解便秘、上火等症状。

儿科主任医师叮咛

油菜叶在洗净后，再在清水中浸泡 10 分钟，以去除农药残留。

燕麦粥 富含钙及膳食纤维

准备时间	制作时间	烹饪方式	制作难度
5 分钟	10 分钟	煮	★ ☆ ☆

原料

燕麦片 50 克
温水 240 毫升
宝宝配方奶粉适量

做法

1. 将宝宝配方奶粉加入温水 240 毫升，配方奶的量根据奶粉罐上写的冲配比例放。
2. 把燕麦片倒入冲调好的奶中，加入锅中，盖上盖煮 10 分钟。

儿童营养管理师解读

　　燕麦片中含有较丰富的钙、磷、铁、锌和膳食纤维，与配方奶搭配，可保证营养的全面性，有利于宝宝的生长发育。宝宝刚开始吃固体食物时，建议先将粥做得稀一些，当宝宝对新的口感适应后，再适当增加食物的黏稠度。

✚儿科主任医师叮咛

　　燕麦可促进宝宝骨骼生长，预防贫血，提升宝宝皮肤的屏障功能，并有软化大便的作用。

香蕉泥 润肠、通便

准备时间	制作时间	烹饪方式	制作难度
5分钟	5分钟	搅拌	★☆☆

原料

熟透的香蕉 1 根
柠檬汁少许

做法

1. 将香蕉剥皮去白丝，切成小块，放入搅拌机中。
2. 滴几滴柠檬汁，将香蕉块搅成均匀的香蕉泥，倒入小碗即可。

儿童营养管理师解读

香蕉泥中含有丰富的碳水化合物、蛋白质，还有丰富的钾、钙、磷、铁及维生素 A、维生素 B_1 和维生素 C 等，具有润肠、通便的作用，对宝宝便秘有缓解作用。

儿科主任医师叮咛

由于生香蕉有涩味，且所含的鞣酸会加重便秘，所以宜选用熟透的香蕉。

苹果泥 可预防佝偻病

准备时间	制作时间	烹饪方式	制作难度
5分钟	30分钟	刮或煮	★☆☆

原料

苹果 100 克
凉开水 200 毫升

做法

1. 将苹果洗净、去皮，然后用勺慢慢刮成泥状。
2. 或者将苹果洗净、去皮，切成黄豆大小的碎丁，加入适量凉开水，上笼蒸 20～30 分钟，待稍凉后即可喂食。

儿童营养管理师解读

苹果中富含果胶，而果胶能缓解轻度腹泻。因此，苹果泥具有通便、止泻的双重功效。

儿科主任医师叮咛

苹果中含有丰富的矿物质和多种维生素。宝宝吃苹果泥可补充钙、磷，预防佝偻病；其富含的铁质，对宝宝的缺铁性贫血有较好的防治作用。

鸡肝泥 富含维生素 A、铁

准备时间	制作时间	烹饪方式	制作难度
10 分钟	10 分钟	煮＋研	★ ☆ ☆

原料

鸡肝 150 克
鸡架汤 300 毫升

做法

1. 将鸡肝放入水中煮，除去血沫后再换沸水煮 10 分钟取出，剥去鸡肝外皮，将鸡肝放入碗内研碎。
2. 将鸡架汤倒入锅内，加入研碎的鸡肝，煮成糊状搅匀即可。

儿童营养管理师解读

鸡肝营养丰富，可根据宝宝辅食添加的情况，放入适量菠菜叶，让味道、营养更丰富。鸡肝要研碎，再煮成泥状喂食。可依此法制作猪肝泥。

✚儿科主任医师叮咛

鸡肝维生素 A、铁含量较高，对防治宝宝贫血和维生素 A 缺乏有帮助。

豆腐泥 富含优质蛋白质

准备时间	制作时间	烹饪方式	制作难度
2分钟	15分钟	煮	★ ☆ ☆

原料

豆腐 50 克
肉汤 200 毫升

做法

1. 将豆腐放入锅内，加入肉汤，大火煮开，边煮边用勺子将豆腐研碎。
2. 煮开后小火续煮至成糊状，放入碗内，研至细腻即可喂食。

儿童营养管理师解读

　　豆腐中蛋白质含量丰富，质地优良，既易于消化吸收，又能促进宝宝生长。豆腐中还含有多种维生素、钙、镁等营养素。

儿科主任医师叮咛

　　豆腐煮的时间不宜过长，15 分钟左右即可。

蛋黄泥 富含铁

准备时间	制作时间	烹饪方式	制作难度
2分钟	15分钟	煮	★☆☆

⏴原料

鸡蛋一个
开水 50 毫升

⏴做法

1. 将鸡蛋洗净，放入锅中煮熟，取蛋黄，加入开水，用汤匙搅烂即可。
2. 也可将蛋黄泥用牛奶、米汤、蔬菜汁等调成糊状食用。

⏴儿童营养管理师解读

蛋黄泥软烂适口，口感微咸，营养丰富，既富含卵磷脂，又富含铁质。

✚儿科主任医师叮咛

蛋黄中含有较高的热量，也不太易消化，所以分量一定要控制好。

鱼肉泥 富含优质蛋白质

准备时间	制作时间	烹饪方式	制作难度
5分钟	15分钟	煮	★☆☆

原料

净鱼肉 100 克
开水适量

做法

1. 将收拾干净的鱼放入开水中，焯一下后剥去鱼皮，除去鱼骨、刺后将鱼肉研碎，然后用干净的布包起来，挤去水分。
2. 将鱼肉放入锅内，再加 200 毫升开水，大火煮开，小火将鱼肉煮软即可。

儿童营养管理师解读

　　本菜软嫩、味鲜、营养丰富，可以给宝宝补充丰富的蛋白质、钙、磷、铁及大量维生素。

✚ 儿科主任医师叮咛

　　要用新鲜的鱼做原料，一定要将鱼的骨、刺除净，将鱼肉煮烂。

鱼肉羹 补充大量DHA

准备时间	制作时间	烹饪方式	制作难度
5分钟	20分钟	煮	★ ☆ ☆

原料

海鱼肉100克
鱼汤300克
淀粉少许

做法

1. 将海鱼洗净，去骨、刺、皮，剁成鱼蓉。
2. 把鱼汤煮开，下入鱼蓉，用淀粉略勾芡，即可喂食。

儿童营养管理师解读

本菜滑爽润泽，营养丰富，特别是蛋白质含量高。鱼肉营养价值极高，海鱼中所含有的DHA有助于宝宝大脑的发育。

✚ 儿科主任医师叮咛

很多海鱼受水污染的影响，肉中汞含量偏高，尤其是箭鱼、枪鱼、罗非鱼等深海食肉鱼。宝宝身体的解毒能力差、肝脏未完全发育，如果长期吃受污染的鱼，体内汞含量很可能超标，影响健康。所以最好每周只吃一两次海鱼，并经常更换鱼的种类。

燕麦南瓜糊 富含膳食纤维、胡萝卜素

准备时间	制作时间	烹饪方式	制作难度
15分钟	15分钟	煮	★☆☆

原料

燕麦 50 克
南瓜 50 克
水适量

做法

1. 南瓜去皮、切片、蒸熟，趁热研成泥状，放凉备用。
2. 先将燕麦用水漂洗一下，放入锅中加水煮成粥。
3. 将南瓜泥放入燕麦粥中搅匀，放至温热时即可喂食。

儿童营养管理师解读

燕麦中含有钙、磷、铁、锌等矿物质和膳食纤维，南瓜含丰富的胡萝卜素、纤维素，此糊绵甜可口，色泽光鲜，非常适合宝宝的口味。

✚ 儿科主任医师叮咛

燕麦和南瓜都是极具营养价值的食材，二者搭配极佳，且有润肠通便的功效。

小米蛋花粥 增进食欲、补充多种营养素

准备时间	制作时间	烹饪方式	制作难度
5分钟	40分钟	煮	★☆☆

原料

小米 50 克
鸡蛋 1 个
水 300 毫升

做法

1. 将鸡蛋磕入碗中，搅成鸡蛋液。将水倒入锅内，大火烧开，把洗净的小米倒入开水中。

2. 待水再开时，改用小火慢煮 20 分钟，打入鸡蛋液即可。

儿童营养管理师解读

这道粥不仅蛋白质、矿物质含量高，也很方便宝宝消化吸收。

✚ 儿科主任医师叮咛

小米对消化不良、呕吐等症状有缓解作用，既可以改善宝宝的胃口，又能帮助宝宝补充多种营养元素。

胡萝卜土豆泥 富含胡萝卜素

准备时间	制作时间	烹饪方式	制作难度
5分钟	30分钟	蒸+煮	★ ☆ ☆

原料

胡萝卜、土豆各50克
食用油5毫升
高汤300毫升

做法

1. 将胡萝卜、土豆蒸熟，取出后趁热剥去土豆皮。
2. 锅中加入食用油烧热，把熟胡萝卜、土豆一同下锅，加入高汤，用汤匙将其挤压成泥，即可出锅。

儿童营养管理师解读

　　胡萝卜中含有丰富的维生素A、B族维生素及胡萝卜素，土豆中含有大量淀粉及蛋白质、B族维生素、维生素C、膳食纤维等。

✚ 儿科主任医师叮咛

　　这道辅食能增强宝宝脾胃的消化功能，防止便秘。

水果藕粉羹 富含碳水化合物、多种维生素

准备时间	制作时间	烹饪方式	制作难度
10分钟	30分钟	煮	★☆☆

原料

藕粉、苹果、桃子各20克、清水150毫升

做法

1. 将藕粉和水调匀，苹果及桃子洗净、削皮、去核，切成极细的末备用。

2. 将藕粉糊倒入锅内，用微火慢慢熬煮，边熬边搅拌，熬至透明为止，最后加入切碎的水果，稍煮片刻即可。

儿童营养管理师解读

此羹味道香甜，含有丰富的碳水化合物、钙、磷、铁和多种维生素，营养价值极高，且易于消化吸收，是很好的健康辅食。

✚ 儿科主任医师叮咛

制作时，要把水果洗净切碎，刚开始食用可以用小勺刮成泥，以利于宝宝消化吸收。

牛奶香蕉糊
富含蛋白质、钙、钾

准备时间	制作时间	烹饪方式	制作难度
5 分钟	15 分钟	煮	★ ☆ ☆

原料
熟透的香蕉 20 克
牛奶 30 克
玉米面 5 克

做法
1. 将香蕉去皮，用勺子研碎成泥。
2. 将牛奶倒入锅内，加玉米面边煮边搅拌均匀，煮 5 分钟后倒入研碎的香蕉泥中调匀即可。

儿童营养管理师解读

此糊香甜适口，奶香味浓，富含蛋白质、碳水化合物、钙、钾、磷、铁、锌及维生素 C 等多种营养素。注意要把玉米面、牛奶煮熟，再倒入研碎的香蕉中搅匀。

✚ 儿科主任医师叮咛

此糊可极好地补充钙、钾、磷，特别适合宝宝食用。

玉米豌豆汁 预防便秘

准备时间	制作时间	烹饪方式	制作难度
5分钟	15分钟	榨+煮	★☆☆

原料

新鲜玉米粒100克

豌豆50克（鲜豌豆最好，也可用黄豆、青豆代替）

水150毫升

做法

将新鲜玉米粒、豌豆用搅拌机打成汁，只取汁，加水入锅煮，小火煮10分钟即可。

儿童营养管理师解读

玉米清香，其纤维素含量高，有刺激胃肠蠕动、加速粪便排泄的功效，可防治便秘、肠炎等。

✚ 儿科主任医师叮咛

在玉米粒中有一个比米粒小一点，颜色稍亮一些的淡黄色颗粒，叫作玉米胚芽。玉米胚芽中的营养物质能增强人体新陈代谢，调节神经系统功能，可增强宝宝的消化吸收能力。豌豆有清肝明目的作用。

南瓜泥 富含叶酸、胡萝卜素

⟋准备时间	⟋制作时间	⟋烹饪方式	⟋制作难度
5 分钟	20 分钟	蒸＋煮	★ ☆ ☆

⟋原料

南瓜 20 克
米汤 2 勺
植物油适量

⟋做法

1. 将南瓜削皮，去籽。
2. 在南瓜上淋点植物油清蒸（不加油会影响胡萝卜素的吸收），不要加水，蒸好后研成泥加米汤调和。也可将南瓜和米汤放入锅内用文火同煮。

⟋儿童营养管理师解读

　　南瓜泥营养全面，含有丰富的叶酸、胡萝卜素等。此外，它还有润肺的作用。

✚儿科主任医师叮咛

　　刚接触辅食的宝宝很适合吃南瓜泥，一般不会过敏，比较安全。

苹果汁 预防消化不良

准备时间	制作时间	烹饪方式	制作难度
5分钟	5分钟	榨	★☆☆

原料

苹果 1 个
温开水 150 毫升

做法

1. 将苹果洗净，切开、去核，放在榨汁机中榨汁。
2. 加入温开水调匀（温度以水滴在手背上不烫也不凉为宜）即可。

儿童营养管理师解读

苹果中富含大量的糖分、有机酸、膳食纤维、多种维生素及钾元素、黄酮类和一些芳香类物质，营养丰富。

儿科主任医师叮咛

生苹果汁适合消化功能好、大便正常的宝宝，熟苹果汁适合肠胃功能弱、消化不良的宝宝。

番茄汁 补充胡萝卜素、维生素 B_1

准备时间	制作时间	烹饪方式	制作难度
5分钟	10分钟	榨	★ ☆ ☆

原料

番茄 1 个
温开水 150 毫升

做法

1. 将番茄洗净，用开水烫软后去皮切碎，再用洁净的双层纱布包好，把番茄汁挤入容器内。
2. 加入温开水即可。

儿童营养管理师解读

番茄汁可补充胡萝卜素、维生素 B_1、维生素 B_2、维生素 C、钙、磷、铁等。

✚ 儿科主任医师叮咛

番茄中富含的多种维生素，可减轻患有口腔溃疡的宝宝的症状。

米汤 富含维生素

准备时间	制作时间	烹饪方式	制作难度
5 分钟	15 分钟	煮	★ ☆ ☆

原料

100 克小米或大米（可选任意一种）

做法

1. 把米淘洗干净，用大火煮开，再改成小火慢慢熬成粥。
2. 粥熬好后，放置 5 分钟，然后用平勺舀取上面不含米粒的米汤，待温度适中即可喂给宝宝。

儿童营养管理师解读

用小米或大米熬成的米汤富含维生素，且口感好，是宝宝的理想辅食。

➕ 儿科主任医师叮咛

米粥不要熬得过稠，以方便舀取上面的粥汤。

菜泥 补充各类维生素

准备时间	制作时间	烹饪方式	制作难度
5分钟	15分钟	煮	★☆☆

原料

嫩叶蔬菜（如小白菜），或纤维少的南瓜、土豆等100克

做法

1. 将嫩叶蔬菜（如小白菜），或纤维少的南瓜、土豆等，洗净切小段或小块，加水煮熟。
2. 捞出煮好的蔬菜置于碗中，用汤匙刮下或压成泥状即可。

儿童营养管理师解读

菜泥可给宝宝补充各类维生素。

儿科主任医师叮咛

要尽量选择有机蔬菜，避免农药残留对宝宝的健康造成危害。

汤面 提供丰富碳水化合物

准备时间	制作时间	烹饪方式	制作难度
5分钟	10分钟	煮	★☆☆

原料

自制面片或龙须面 10 克
水 100 毫升
蔬菜泥 20 克

做法

1. 将自制面片或龙须面倒入沸水锅中煮熟软。
2. 起锅后加入少量蔬菜泥调匀即可。

儿童营养管理师解读

汤面可为宝宝提供丰富的碳水化合物、B 族维生素。

✚儿科主任医师叮咛

给小宝宝喂食面条时，如果面条较长，不易咬断或吞食，会引发宝宝呕吐，可以在出锅后将面条捣烂或夹短。面片应软而薄，使宝宝更容易食用。宝宝咀嚼、吞咽的能力还未完全成熟，要记得将面条或面片烹煮至熟透。

黄瓜汁 提高免疫功能

准备时间	制作时间	烹饪方式	制作难度
5分钟	15分钟	榨	★☆☆

原料

黄瓜 1 根
温开水 150 毫升

做法

1. 将黄瓜洗净，切细丝，放入小碗，用干净纱布包住黄瓜丝挤出汁。
2. 也可用榨汁机榨汁，然后倒入过滤漏勺，用勺挤出汁。将黄瓜汁加入适量温水即可。

儿童营养管理师解读

黄瓜中含有葫芦素C，有提高人体免疫功能的作用。

✚ 儿科主任医师叮咛

黄瓜表层有很多小棱和毛刺，并且多数呈弯曲状，沟槽内藏有大量杂物，因此需先用硬毛刷刷洗，再用清水洗净后方可食用。

7～9个月，辅食添加中期：蠕嚼型

7～9个月大的宝宝正处于断奶中期，辅食类型为蠕嚼型，质地应为稍稠的泥糊，如肝泥、豆腐泥、牛肉泥、米粥和烂面等。这个时期的宝宝可以吃全蛋，也可以适当食用磨牙饼干、馒头干、面包干等可以刺激牙齿萌出的食品。此阶段仍应以母乳喂养为主，以各种辅食为辅，要注重辅食的合理搭配，以增强宝宝的抵抗力。

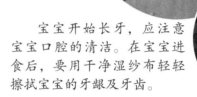

宝宝开始长牙，应注意宝宝口腔的清洁。在宝宝进食后，要用干净湿纱布轻轻擦拭宝宝的牙龈及牙齿。

宝宝食谱设计要点

逐渐增加辅食种类

宝宝这时仍在出牙阶段，胃肠道逐渐发育成熟，可以食用半固体或固体状食物。爸爸妈妈除了继续给宝宝吃上个阶段的辅食外，还可以添加肉末、豆腐、全蛋、整只苹果、猪肝泥、鱼肉丸子、各种菜泥或碎菜等。一次添加的新辅食不宜超过两种。一天之内不能添加两种或两种以上的肉类食品、蛋类食品、豆制品或水果。

增加粗纤维食物

这个阶段的宝宝已经长牙，有了咀嚼能力，可以啃一些硬的食物，这也有利于宝宝乳牙的萌出。粗纤维食物，如茎秆类蔬菜，就是不错的选择。同时，粗纤维食物还能帮助宝宝通便。芹菜、卷心菜、洋葱、萝卜等含纤维素多，也可以给宝宝适当添加。

适当增加固体食物

如果长时间给宝宝吃流质或泥状的食品，会使宝宝错过咀嚼能力发展的关键期。在这个时期，妈妈应该适当地给宝宝吃些固体食物，如面包片、馒头片或饼干。许多宝宝7～9个月大时就不爱吃烂熟的粥或面条了，因此，妈妈在做辅食的时候要控制好火候。但如果宝宝爱吃米饭，要把米饭蒸得熟烂些再喂。有些妈妈担心宝宝牙还没有长好，不能嚼这些固体食物，其实宝宝可以用牙床咀嚼。

让宝宝适应谷物

一般来说，在给宝宝添加牛奶之外的辅食时，先添加谷物比较好，因为谷物比较容易被消化吸收。

可以按顺序逐渐添加大米粥、燕麦粥、大麦粥。虽然有的宝宝可能不太喜欢谷物的味道，但爸爸妈妈可以通过往宝宝熟悉、喜欢的食物中逐渐添加适量谷物的办法让宝宝适应谷物的味道，如在母乳或牛奶中放入麦片调制。

给宝宝固定的餐位和餐具

这个阶段的宝宝已经可以坐得很好了，因此可以给宝宝准备宝宝专用餐椅，让宝宝坐在上面吃饭。如果没有宝宝专用餐椅，就在宝宝就餐时，用被子之类的物品将宝宝的后背和左右两边围住，目的是不让宝宝随便挪动地方。最好把这个位置固定，不要总是更换，给宝宝使用的餐具也要固定，这样，宝宝一坐到这个地方，看到熟悉的餐具，就知道要吃饭了，有利于宝宝形成良好的进食习惯。

父母可能遇到的问题

要制止宝宝用手抓饭吗

一些六七个月大的宝宝已经开始伸手尝试抓饭吃了，许多妈妈会竭力纠正这种"没规矩"的行为。实际上，妈妈应该让1岁以内的宝宝用手抓食物来吃，这样有利于良好进食习惯的形成，但要注意将宝宝的手洗干净。

宝宝亲手接触食物才会熟悉食物

宝宝学"吃饭"实际上和培养宝宝兴趣，如看书、玩耍，没有什么两样。起初，宝宝喜欢拿食物、抓食物，通过"摸"等动作熟悉食物。拿、抓可以帮助宝宝掌握食物的形状和特性。从科学的角度而言，宝宝根本就没有不喜欢吃的食物，只看接触的频繁与否。而反复的"亲手"接触，能让宝宝对食物越来越熟悉，以后也不太可能挑食。

宝宝自己动手吃饭，有利于双手的发育

让宝宝自己吃饭，可以训练宝宝双手的灵巧性，加速宝宝手臂肌肉的协调性和平衡能力的发展。

用手抓饭让宝宝对进食产生兴趣

用手抓食物对宝宝来说是一种娱乐方式，只要将宝宝的手洗干净即可。妈妈甚至应该允许1岁以内的宝宝"玩"食物，满足宝宝动手的愿望，激发宝宝对食物的兴趣，更好地激发宝宝的食欲。

怎样防止宝宝食物过敏

要防止宝宝食物过敏，在给宝宝添加辅食时需注意以下事项。

按正确的方法添加辅食，并观察宝宝有无不良反应。在给宝宝添加辅食时，要遵循正确的顺序，先加谷类，再加蔬菜和水果，然后是肉类。每添加一种新食物，都要细心观察宝宝是否出现皮疹、腹泻等不良反应。如有不良反应，则应该停止喂这种食物。隔几天后再试，如果仍然出现上述症状，则可以确定宝宝对该食物过敏，应避免让宝宝再次进食。

找出引起宝宝过敏的食物，并且避免让宝宝吃这种食物，这是目前防止食物过敏的唯一方法。然而，要准确地找出致敏食物并非易事。妈妈应耐心、细致地观察宝宝吃的各种食物与其产生过敏症状之间的关系，最好能写"食物日记"，记下宝宝吃的食物与出现的症状。妈妈也可通过对宝宝进行食物过敏的筛查性检查，如皮肤针刺试验等，初步找出可能的致敏食物，然后再通过食物激发实验来确认致敏食物。注意，从宝宝食谱中剔除这种食物后，必须用其他食物替代，以保持宝宝的膳食平衡。

拿什么食物给宝宝磨牙

如果原本安静的宝宝开始流口水、烦躁不安、喜欢咬坚硬的东西或总是啃手，说明宝宝开始长牙了。这时，妈妈要给宝宝添加一些可供磨牙的辅食。

水果条、蔬菜条

把新鲜的苹果、黄瓜、胡萝卜或西芹切成手指粗细的小长条喂食宝宝，清凉又脆甜，还能为宝宝补充维生素，可谓宝宝的磨牙上品。

提高宝宝的咀嚼功能，
可有效预防宝宝牙齿畸形。

柔韧的条形地瓜干

地瓜干是寻常可见的小食品，正好适合宝宝用小嘴巴咬，价格又便宜，是宝宝磨牙的优选食品之一。如果怕地瓜干太硬伤害宝宝的牙床，妈妈可以在煮熟米饭后，把地瓜干撒在米饭上闷一闷，地瓜干就会变得又香又软了。

磨牙饼干、手指饼干或其他长条形饼干

磨牙饼干、手指饼干或其他长条形饼干等，既可以满足宝宝咬东西的欲望，又可以让宝宝练习自己拿着东西吃，也是宝宝磨牙的好食品。需要注意的是，不要选择口味太重的饼干，以免破坏宝宝的味觉。

能给宝宝吃糖粥吗

由于宝宝喜欢甜味，有的妈妈便常常以糖代菜，给宝宝喂糖粥。有的妈妈还误认为糖粥是营养品，因为吃糖粥的宝宝往往长得白白胖胖。

其实，糖粥的主要营养成分是碳水化合物，蛋白质（尤其是动物蛋白）含量低，缺乏各种维生素及矿物质。长期吃糖粥的宝宝看起来白白胖胖，但生长发育落后、肌肉松弛、免疫功能低，容易出现各种维生素缺乏症、缺铁性贫血、缺锌等问题。另外，长期吃糖粥还会导致龋齿。

宝宝吃辅食总是噎住怎么办

宝宝吃新的辅食难免出现恶心、哽噎现象，这很常见，妈妈们不必过于紧张。

只要在喂辅食时多加注意就可以避免。例如，应按时、按顺序地添加辅食，从半流质到糊状、半固体、固体，让宝宝有一个适应、学习的过程；一次不要喂食太多；不要喂太硬、不易咀嚼的食物。

给宝宝添加一些特制的辅食

为了让宝宝更好地学习咀嚼和吞咽的技巧，还可以给他一些特制的小馒头、磨牙棒、磨牙饼、烤馒头片、烤面包片等。

不要因噎废食

有的妈妈担心宝宝吃辅食会噎住，于是推迟甚至放弃给宝宝喂固体食物，因噎废食。有的妈妈到宝宝两三岁时，仍然要先将所有的食物都用粉碎机粉碎后才喂给宝宝，生怕噎住宝宝。这样做的结果是宝宝不会"吃"，食物稍微粗糙一点就会噎住，甚至会把前面吃的东西都吐出来。

抓住宝宝咀嚼、吞咽敏感期

宝宝的咀嚼、吞咽敏感期从出生后 6 个月左右开始，7~8 个月为关键期。过了这个阶段，宝宝学习咀嚼、吞咽的能力下降，此时才让宝宝吃半流质或泥状、糊状食物，宝宝往往不咀嚼直接咽下去，或含在口中久久不肯咽下，常常出现恶心、哽噎现象。

许多老人会先将食物放在自己嘴里嚼碎，再送到宝宝嘴里。这是一种极不卫生的错误喂养方法，对宝宝的健康存在隐患，应当禁止。

如何让宝宝合理吃粗粮

五谷杂粮又被叫作粗粮，"粗"是相对于我们平时吃的大米、白面等细粮而言，主要包括谷类中的玉米、小米、紫米、高粱、燕麦、荞麦、麦麸以及各种干豆类（如黄豆、青豆、红豆、绿豆等）。宝宝7个月后就可以吃一点粗粮，但添加需科学合理。

酌情、适量

宝宝患有胃肠道疾病时，要吃易消化的低膳食纤维饭菜，以防止发生消化不良、腹泻或腹部疼痛等症状。1岁以内的宝宝，每天粗粮的摄入量不可过多，以10~15克为宜。较胖或经常便秘的宝宝，可适当增加膳食纤维的摄入量。

粗粮细做

为使粗粮变得可口，增进宝宝的食欲、提高宝宝对粗粮营养的吸收率，满足宝宝身体发育的需求，妈妈可以把粗粮磨成面粉、压成泥、熬成粥，或与其他食物混合加工成花样翻新的美味食品。

科学混吃

科学地将食物混合在一起可以弥补粗粮中植物蛋白质所含的赖氨酸、蛋氨酸、色氨酸、苏氨酸低于动物蛋白质的这一缺陷。像八宝稀饭、腊八粥、玉米红薯粥、小米山药粥等，都是很好的混合性食品，既提高了食物的营养价值，又有利于宝宝胃肠道消化吸收。

多样化

食物中的任何一种营养素都是和其他营养素一起发挥作用的，所以宝宝的日常饮食应全面、均衡、多样化，控制脂肪、糖、盐的摄入量，适当增加粗粮、蔬菜和水果的比例，并保证优质蛋白质、碳水化合物、多种维生素及矿物质的摄入量。只有这样，才能保证宝宝的营养均衡合理，有益于宝宝健康成长。

让宝宝有好牙齿需注意什么

一般宝宝会在6~8个月时开始长出1到2个门牙。宝宝长牙后，妈妈要注意以下几个方面，以使宝宝拥有好的牙齿及养成良好的用牙习惯。

及时添加有助于乳牙发育的辅食

宝宝长牙后，就应及时为其添加一些既能补充营养又能帮助乳牙发育的辅食，如饼干、烤馒头片等，以促进乳牙的萌出。

要给宝宝少吃甜食

这是因为甜食易被口腔中的乳酸杆菌分解，产生酸性物质，破坏牙釉质。

纠正不良用牙习惯

如果宝宝有吸吮手指、吸奶嘴等不良习惯，应及时纠正，以免造成牙位不正或前牙发育畸形。

注意宝宝口腔卫生

从宝宝长牙开始，妈妈就应注意宝宝的口腔清洁，在宝宝进食后用干净的湿纱布轻轻擦拭其牙龈及牙齿。宝宝1周岁后，妈妈就应该教他练习漱口。刚开始漱口时，宝宝容易将水咽下，因此可用凉开水为宝宝漱口。

一日食谱范例

06：00　　母乳或配方奶 200 毫升

09：00　　鸡蛋羹 1 小碗，猕猴桃 2 片

10：00　　鲜橘汁 50 毫升

12：00　　鸡蛋米糊适量，母乳或配方奶 150 毫升

15：00　　苹果或桃 1/2 个，或小香蕉 1 个

18：00　　番茄鱼适量，母乳或配方奶 120 毫升

21：00　　母乳或配方奶 200 毫升

牛奶玉米糊 富含优质蛋白质、脂肪

准备时间	制作时间	烹饪方式	制作难度
5 分钟	15 分钟	煮	★★☆

原料

牛奶 250 克
玉米粉 50 克
鲜奶油 10 克
黄油 5 克

做法

1. 将牛奶倒入锅内，用小火煮开，撒入玉米粉，再用小火煮 3～5 分钟，并用勺不断搅拌，直至变稠。
2. 将粥倒入碗内，加入黄油和鲜奶油，搅匀，晾凉后喂食。

儿童营养管理师解读

此糊黏稠，味美适口，含有丰富的优质蛋白质，且钙、磷、铁及维生素 A、维生素 D、维生素 B_1、维生素 B_2 和烟酸等含量也较丰富。

✚儿科主任医师叮咛

牛奶玉米糊中除含有大量的钙质以外，还有多种微量元素和大量的蛋白质，以及十几种对人体有益的氨基酸，这些物质进入人体以后会很快被吸收，能满足身体多器官的需要，经常饮用能让幼儿身体更强壮。

骨汤面 提供丰富的钙质

准备时间	制作时间	烹饪方式	制作难度
10分钟	40分钟	煮	★★☆

原料

猪、牛胫骨或脊骨 200 克
龙须面 5 克
青菜 50 克

做法

1. 将骨砸碎，放入冷水中用中火熬煮 30 分钟。
2. 将骨弃去，滤渣取清汤。将龙须面下入骨汤中，再把洗净、切碎的青菜加入汤中，煮至面熟即可。

儿童营养管理师解读

骨汤面可提供丰富的钙，同时富含脂肪、碳水化合物、铁、氨基酸等，可预防宝宝患软骨症。

儿科主任医师叮咛

钙能帮助骨骼和肌肉发育，此时宝宝的身体正飞快地成长着，对钙的需求量非常大，如不及时补充，很容易因缺钙而患上软骨病等。

鱼菜米糊 提供动、植物蛋白和多种维生素

准备时间	制作时间	烹饪方式	制作难度
10分钟	15分钟	煮	★★☆

原料

米粉、鱼肉和青菜各 15～25 克
盐少许

做法

1. 将米粉加清水浸软，搅成糊，入锅，用大火烧沸，续煮约 8 分钟。
2. 将青菜、鱼肉洗净，分别剁泥，一起放入锅中，续煮至鱼肉熟透，用少许盐调味即可。

儿童营养管理师解读

该米糊可提供动物和植物蛋白、碳水化合物、B 族维生素等营养成分。

✚ 儿科主任医师叮咛

鱼肉中磷脂、蛋白质含量很高，并且细嫩易消化，能满足宝宝发育的营养需要，但一定要注意选购新鲜的鱼。

蛋花豆腐羹 提供丰富的钙、铁

准备时间	制作时间	烹饪方式	制作难度
5分钟	15分钟	煮	★★☆

原料

鸡蛋黄 1 个
南豆腐 20 克
骨汤 150 克

做法

1. 蛋黄打散，南豆腐捣碎。
2. 骨汤煮开，放入南豆腐碎，用小火煮熟，并浇上蛋黄液，搅匀即可。

儿童营养管理师解读

蛋花豆腐羹可提供维生素 A、维生素 E 和丰富的钙、铁等。

✚ 儿科主任医师叮咛

如果宝宝有乳糖不耐症，可以用豆制品来代替配方奶。但要注意让宝宝多吃一些，以摄取和食用配方奶所获得的同样钙量。

鸡蛋面片汤 富含碳水化合物、优质蛋白质

准备时间	制作时间	烹饪方式	制作难度
10分钟	30分钟	煮	★★☆

原料

面粉 100 克
鸡蛋 1 个
青菜 50 克
香油、盐各少许

做法

1. 将面粉放入盆内，磕入鸡蛋液，揉成面团，擀成薄薄的大片，然后划成直条。再将直条斜划成菱形小片，青菜切成小片。
2. 将锅内倒入适量水，放在火上烧开，然后把面片下锅，煮好后加入青菜片、盐，滴入香油即成。

儿童营养管理师解读

　　面粉中含有丰富的碳水化合物及维生素 E；鸡蛋中含丰富的优质蛋白质。此汤软滑可口，汤汁味美，有稀有干，营养丰富，很适合宝宝食用。

✚ **儿科主任医师叮咛**

　　面擀得要薄，片切得要小，还要煮烂。

平鱼肉羹 促进宝宝大脑发育

准备时间	制作时间	烹饪方式	制作难度
5分钟	20分钟	煮	★★☆

原料

平鱼 1 条
土豆 1 个
高汤 100 克
淀粉适量

做法

1. 将平鱼清洗干净，剔除鱼刺，放入高汤中煮熟，然后将鱼肉研成泥，备用。
2. 将土豆洗净，煮熟，剥皮，研成泥。
3. 将鱼肉泥、土豆泥再入锅，加少许高汤煮开，用淀粉勾薄芡后即可。

儿童营养管理师解读

这道羹绵滑润泽，鲜香有味。平鱼中含有丰富的不饱和脂肪酸、微量元素硒和镁，营养丰富。

儿科主任医师叮咛

经常吃鱼对宝宝的大脑发育大有好处。平鱼肉厚刺少，肉质细嫩而又营养丰富，是很不错的辅食选择。

小米红薯粥 清热解渴、促消化

准备时间	制作时间	烹饪方式	制作难度
60 分钟	30 分钟	煮	★ ★ ☆

原料

小米 50 克

红薯 1 个

做法

1. 红薯削皮，洗净切小粒；小米洗净后浸泡 1 小时左右。
2. 锅里加水，放小米、红薯粒，先用大火煮开，然后用小火慢慢熬制，直至米软、红薯黏，晾凉后即可喂食。

儿童营养管理师解读

此粥香甜黏滑，滋补养人。小米具有清热解渴、助消化的功效。红薯可促进胃肠蠕动，预防便秘，又易于消化和吸收。

鸡蛋羹 富含优质蛋白质、铁

准备时间	制作时间	烹饪方式	制作难度
2分钟	10分钟	蒸	★★☆

原料

鸡蛋 1 个
温水 100 毫升
橄榄油 2 滴

做法

1. 鸡蛋磕入碗里，倒入适量温水、橄榄油、盐，充分搅打开。
2. 把搅打开的蛋液放入烧开的蒸锅里，用小火蒸6～7分钟即可。

儿童营养管理师解读

要想蒸出滑如凝脂、鲜香扑鼻的鸡蛋羹，蛋和温水的比例约为1:2；蛋液一定要在水开后再放进蒸锅，然后开小火；锅盖一定要留缝。这样蒸出来的蛋羹不会有蜂窝眼，口感也很嫩滑。

✚ 儿科主任医师叮咛

鸡蛋羹嫩滑，易于宝宝吞咽和消化；鸡蛋营养丰富，是宝宝补充营养的好选择。

番茄肝末 富含维生素 C 及维生素 A

准备时间	制作时间	烹饪方式	制作难度
10 分钟	30 分钟	煮	★ ☆ ☆

原料

猪肝 100 克
番茄 80 克
高汤 300 毫升
盐 3 克

做法

1. 将猪肝洗净切碎；番茄用开水烫一下。剥去皮，切碎。
2. 锅中放入高汤烧开，加入猪肝碎和番茄碎煮熟，最后加入少许盐，使其有淡淡的咸味即可。

儿童营养管理师解读

　　这道菜味甜咸，营养丰富。番茄中含有丰富的维生素 C 和大量纤维素，猪肝中含丰富的铁、维生素 A。

✚ 儿科主任医师叮咛

　　将番茄与猪肝同煮食用，可以预防缺铁性贫血和维生素 C 缺乏症。

鸡肝米糊 补充铁及维生素 A

准备时间	制作时间	烹饪方式	制作难度
10 分钟	20 分钟	蒸	★ ☆ ☆

原料

鸡肝 50 克
米糊 20 克
鸡汤（无盐）200 毫升

做法

1. 将鸡肝洗净，放入锅内稍煮一下，除去血沫后再换水小火煮 10 分钟，然后将鸡肝外的薄皮剥去，切成末备用。
2. 用冷水调开米糊，加入鸡肝末和鸡汤（无盐）煮熟即可。

儿童营养管理师解读

该米糊色泽美观，味道鲜美，营养丰富。鸡肝中含有丰富的蛋白质、钙、磷、铁、锌、维生素 A 及 B 族维生素。

➕ 儿科主任医师叮咛

将鸡肝放入锅中加水煮，去掉血沫后必须换水。鸡肝要煮熟后再切成碎末。食欲不振和生长发育缓慢的宝宝，适当补充动物内脏很有益。

牛奶炖蛋 磷、钙双吸收，营养互补

准备时间	制作时间	烹饪方式	制作难度
5分钟	15分钟	煮	★ ☆ ☆

原料

鸡蛋 1 个

牛奶 200 毫升

做法

1. 将鸡蛋打成蛋液。
2. 将牛奶倒入蛋液中，朝一个方向搅拌至均匀，静置 3 分钟，让两种液体混合。
3. 用滤网将牛奶蛋液过滤 1 次，将过滤好的牛奶蛋液慢慢倒入碗中。在碗表面蒙上保鲜膜，用牙签在表面扎几个小孔。
4. 冷水入锅，把碗放到蒸锅里，盖上盖子，大火烧开，转中火蒸 15 分钟。
5. 打开锅盖，撕掉保鲜膜，细腻香滑的牛奶炖蛋就蒸好了。

儿童营养管理师解读

牛奶是钙的最佳来源，其钙、磷比例非常适宜，利于吸收。此辅食蓬松柔软，是宝宝绝佳的午后食品。蛋奶液用滤网过滤掉泡沫，这样蒸出来的鸡蛋羹不会有蜂窝眼。加保鲜膜是为了锁住水分，扎几个小孔是为了让蒸汽循环流动，这样蒸出来的鸡蛋羹细腻无泡，嫩滑无比。

番茄鱼 补充 DHA 及维生素 C

准备时间	制作时间	烹饪方式	制作难度
5分钟	20分钟	蒸	★★☆

原料

净鱼肉、番茄各 30 克
高汤 500 毫升

做法

1. 将收拾好的鱼肉放入开水中煮熟，除去骨、刺和皮；番茄用开水烫一下，剥去皮，切成碎末。
2. 将高汤倒入锅内，加入鱼肉同煮，稍煮后加入切碎的番茄末，再用小火煮至呈糊状即可。

儿童营养管理师解读

　　鱼肉中含有的 DHA 是大脑发育必不可少的营养物质。番茄中富含维生素 C，维生素 C 可使大脑反应灵敏。

✚ 儿科主任医师叮咛

　　选用新鲜的鱼做原料，一定要剔净骨、刺，将鱼肉煮烂。宝宝常食此辅食，可促进大脑发育，提高智力。为避免宝宝对鱼虾过敏，此菜适宜 8 个月以上的宝宝食用。

花豆腐 补充蛋白质及多种维生素

准备时间	制作时间	烹饪方式	制作难度
10 分钟	30 分钟	蒸	★ ★ ☆

原料

豆腐 50 克
熟鸡蛋黄 1 个
淀粉 10 克

做法

1. 将豆腐稍煮一下，放入碗内研碎；加入淀粉搅拌均匀。
2. 将拌匀的豆腐做成方块形，再将蛋黄研碎，撒在豆腐表面，放入蒸锅内用中火蒸 10 分钟即可。

儿童营养管理师解读

豆腐柔软，易于消化吸收，可促进宝宝生长；蛋黄含有丰富的铁，对宝宝极为有益。

牛奶花生糊 富含优质蛋白质

准备时间	制作时间	烹饪方式	制作难度
60 分钟	40 分钟	煮	★ ☆ ☆

原料

配方奶 200 毫升
大米 30 克
花生 20 粒

做法

1. 大米洗净后浸泡 60 分钟左右，备用；花生去皮，磨成粉末状，备用。

2. 锅里放水，先用大火将大米煮开，然后转小火慢慢熬煮成黏稠状，加入配方奶和花生粉末，搅匀，再煮片刻，盛出晾凉即可。

儿童营养管理师解读

牛奶花生糊黏稠香滑，营养丰富。花生中含有丰富的植物蛋白，比动物蛋白更容易被人体吸收。

儿科主任医师叮咛

花生也是易致敏食物，先少量喂给宝宝，确定没有异常反应后再继续喂食，一定要注意煮熟、煮透。

鱼泥粥 助消化、促生长

准备时间	制作时间	烹饪方式	制作难度
5 分钟	15 分钟	煮	★ ★ ☆

原料

鱼肉 50 克
米饭 50 克
配方奶 100 毫升
鱼汤 100 毫升

做法

1. 鱼肉煮熟后剔去鱼骨、刺，研成泥状。
2. 锅里放鱼汤，把米饭和鱼泥放进去大火煮片刻，然后加入配方奶，用小火继续煮 5 分钟后即可。

儿童营养管理师解读

此粥鲜香有味，嫩滑润泽，营养丰富。鱼肉的肉质细致嫩滑，容易消化。

✚ 儿科主任医师叮咛

鱼肉中的蛋白质可以促进宝宝生长发育，在宝宝生病或身体有伤口的时候，也可以帮助恢复。

牛奶核桃米糊 富含脂肪及氨基酸

准备时间	制作时间	烹饪方式	制作难度
60分钟	15分钟	煮	★★☆

原料

大米 60 克
核桃仁 50 克
配方奶 100 毫升

做法

1. 将大米洗净，浸泡 1 小时后捞出，滤干水分。
2. 将大米、核桃仁、配方奶和少量水一同放入搅拌机中打碎，用漏斗过滤取汁。
3. 将汁倒入锅内加适量水煮沸，晾凉后即可给宝宝食用。

儿童营养管理师解读

核桃仁中含有较多的蛋白质及人体必需的不饱和脂肪酸；大米营养丰富，可补中益气，强阴壮骨；配方奶中富含钙。这道饮品营养丰富，口感极好。

✚ 儿科主任医师叮咛

此粥营养丰富，有助于宝宝大脑发育，可经常做给宝宝食用。

鸡肝粥 补血佳品

准备时间	制作时间	烹饪方式	制作难度
60分钟	30分钟	煮	★☆☆

原料

鸡肝 30 克
大米 50 克

做法

1. 将大米洗净后浸泡 1 小时，再放到锅里煮成粥。
2. 鸡肝择去筋膜，洗净下锅；煮熟后研成泥状，放到粥锅里继续煮至黏软即可。

儿童营养管理师解读

此粥滑爽润泽，营养丰富，蛋白质含量高。其中，鸡肝含铁丰富，是最常见的补血食品之一。

海带肉末粥 补充碘

准备时间	制作时间	烹饪方式	制作难度
60分钟	40分钟	煮	★ ☆ ☆

原料

海带 30 克

大米 30 克

肉末 20 克

盐、香油各少许

做法

1. 海带洗净，切成细丝、剁碎，与肉末一起拌匀，备用。

2. 大米洗净后浸泡 1 个小时左右，然后放入锅中用中火煮至黏稠，加入肉末、海带丝，边煮边搅动，煮 5 分钟左右，放入少量盐、香油调味，即可盛出。

儿童营养管理师解读

此粥黏稠润滑，香浓可口。海带中富含碘、钙、磷、铁；猪肉中含有丰富的蛋白质。

儿科主任医师叮咛

宝宝常吃海带，能促进骨骼、牙齿生长，同时还可预防缺铁性贫血，亦可预防因缺碘而导致的甲状腺肿大。

雪梨藕粉糊 补充营养、助消化

准备时间	制作时间	烹饪方式	制作难度
10 分钟	15 分钟	煮	★ ☆ ☆

原料

雪梨 1 个
藕粉 30 克

做法

1. 将藕粉用水调匀；雪梨去皮、核，切成小粒。
2. 将藕粉糊倒入锅中，用小火慢慢熬煮，边熬边搅动，直到透明为止；将雪梨粒倒入锅，搅匀即可。

儿童营养管理师解读

　　此羹水嫩晶莹，香甜润滑，营养丰富，富含碳水化合物、蛋白质、脂肪，并含多种维生素及钙、钾、铁、锌，能促进食欲，帮助消化，非常适合婴幼儿食用。

✚ 儿科主任医师叮咛

　　妈妈一定要给宝宝选择纯藕粉，并学会鉴别。纯藕粉中含有铁和还原糖等成分，这些成分遇空气会氧化变微红。

苹果金团 补充多种营养素

准备时间	制作时间	烹饪方式	制作难度
10分钟	30分钟	煮	★ ☆ ☆

原料

苹果 1 个
红薯 1 个

做法

1. 将红薯洗净、去皮，切碎煮软。
2. 把苹果削皮、去籽后切碎，煮软。
3. 把苹果碎与红薯碎均匀混合即可。

儿童营养管理师解读

苹果金团色泽金黄，香甜绵滑。苹果健脾益胃，润肠解暑，非常适合婴幼儿食用；红薯含有丰富的淀粉、膳食纤维、维生素E以及钾、铁、铜、钙等十余种微量元素，是公认的营养最均衡的食品之一。

儿科主任医师叮咛

苹果中的纤维能促进宝宝生长及发育，其含有的锌能增强宝宝的记忆力。制作时一定要将红薯、苹果切碎、煮软。

番茄面 富含维生素 C、碳水化合物

准备时间	制作时间	烹饪方式	制作难度
40 分钟	20 分钟	煮	★ ☆ ☆

原料

面粉 100 克

番茄 1/2 个

豆腐 30 克

做法

1. 将面粉用凉水和成软硬适度的面团，放置 30 分钟后擀开，切细条。
2. 将番茄用开水烫一下，剥去皮，切碎；豆腐切碎。
3. 锅里放水，放入番茄碎、豆腐碎，水沸后下入面条，煮熟即可。

儿童营养管理师解读

番茄中含有丰富的维生素 C、维生素 A、叶酸和钾等营养元素；豆腐富含优质的蛋白质、维生素和多种微量元素，营养丰富。这道主食色彩鲜艳，能促进宝宝的食欲。

✚ 儿科主任医师叮咛

注意在烹饪时，面要和得软硬适度，擀得薄一些，以便于宝宝消化。

豆腐泥鸡茸小炒 补钙佳品

准备时间	制作时间	烹饪方式	制作难度
15分钟	20分钟	炒	★★☆

原料

鲜嫩豆腐 200 克
鸡肉 50 克
鸡蛋 1 个
细油菜丝、细火腿丝各适量
淀粉、盐、食用油各少许

做法

1. 先将鸡肉剁成泥，加上蛋清和少许淀粉，一同搅拌成鸡蓉。
2. 将鲜嫩豆腐用开水烫一下，研成泥。
3. 锅里放植物油，油温七成热时先放入豆腐泥炒好，再放入鸡蓉，加上适量盐翻炒几下，然后撒上细火腿丝和细油菜丝炒熟即成。

儿童营养管理师解读

豆腐中的植物蛋白和鸡肉中的动物蛋白均可给宝宝提供营养和能量，且容易被消化和吸收。

儿科主任医师叮咛

炒豆腐时油温不要太高，炒的时间不要太长，可加少许水，以保证口感嫩滑。

青菜粥 补充维生素 C、维生素 E

准备时间	制作时间	烹饪方式	制作难度
60 分钟	50 分钟	煮	★★☆

原料

大米 100 克
青菜叶（菠菜、油菜或小白菜的叶子）30 克
香油、盐少量

做法

1. 将青菜洗净，放入开水锅内煮软，将其切碎备用。
2. 将大米洗净，用水泡 1 小时，放入锅内煮 30～40 分钟，在停火之前加入切碎的青菜，再小火煮 10 分钟，加少量香油、盐调味即可。

儿童营养管理师解读

此粥黏稠适口，含有宝宝发育所需的蛋白质、碳水化合物、钙、磷、铁和维生素 C、维生素 E 等多种营养素。

✚ 儿科主任医师叮咛

青菜先用沸水焯烫一下，再放入粥中，不仅能保持颜色的鲜亮，还能确保煮好的蔬菜粥不涩口。

枣泥 富含维生素、健脾胃

准备时间	制作时间	烹饪方式	制作难度
5分钟	10分钟	煮或蒸	★ ☆ ☆

原料

红枣 3~6枚
水适量

做法

1. 将红枣洗净,蒸熟或煮熟。
2. 待红枣稍凉时去皮、核,然后碾成枣泥。

儿童营养管理师解读

枣泥中含有非常丰富的维生素,对宝宝的脾胃也好。注意不要多食,以免上火。

✚ 儿科主任医师叮咛

枣皮容易卡在或者贴附在宝宝喉咙入口处,让宝宝产生不适感。即便是已经2岁的宝宝,也不能忽视这一点。所以,除了注意选择大而肉厚的优质枣之外,一定要把皮、核去干净。

苹果杏泥 促进大脑发育

准备时间	制作时间	烹饪方式	制作难度
60 分钟	40 分钟	煮	★ ★ ☆

◗原料

杏干 20 克
苹果 2 个

◗做法

1. 将杏干清洗干净，在冷水中浸泡 1 小时；然后用小火连水带杏干煮约 25 分钟，或煮至杏干变软成糊状，冷却。
2. 苹果去皮、去核，切片，煮软；然后将煮好的苹果和冷却后的杏糊搅拌成泥状即可。

◗儿童营养管理师解读

苹果中含有多种维生素、矿物质、碳水化合物、脂肪等大脑所必需的营养成分，能促进宝宝大脑的发育。

✚儿科主任医师叮咛

苹果中所含的锌对增强宝宝的记忆力十分有益，适合每天吃。杏能够生津止渴、润肺化痰，可偶尔食用。

猕猴桃饮 补充多种维生素

准备时间	制作时间	烹饪方式	制作难度
10 分钟	15 分钟	榨	★★☆

原料

猕猴桃 2 个

温水 100 毫升

做法

1. 选新鲜的猕猴桃，去皮切块。
2. 把切好的猕猴桃块放入榨汁机里，加水榨汁，倒出来后即可给宝宝饮用。

儿童营养管理师解读

这款饮品碧绿诱人，酸甜可口。猕猴桃中含有宝宝生长发育所需要的各种维生素，对宝宝的成长十分有益。

儿科主任医师叮咛

猕猴桃汁对口疮有很好的治疗效果。

鸡泥肝糕 提高宝宝免疫力

准备时间	制作时间	烹饪方式	制作难度
30 分钟	20 分钟	蒸	★★☆

原料

猪肝、鸡胸肉各 100 克
鸡蛋 1 个
鸡汤（或肉汤）300 毫升
盐、香油各少许

做法

1. 猪肝洗净，剁成细蓉；鸡胸肉用刀背砸成肉蓉。
2. 将猪肝蓉与鸡肉蓉放入大碗中，兑入鸡汤。
3. 鸡蛋打入另一个碗中，充分打散后，倒入肝蓉碗中，加适量盐，充分搅打。
4. 锅里水开后，把肝蓉碗放蒸屉上，大火蒸 10 分钟左右，蒸熟即成鸡泥肝糕。吃的时候可用刀将鸡泥肝糕划成小块，淋上香油。

儿童营养管理师解读

猪肝中富含铁，鸡肉中蛋白质的含量较高。这道菜鲜香诱人，细腻入味，宜婴幼儿食用。蒸的时候要注意火候，火太大肝糕会出蜂窝孔，火太小肝糕蒸不熟，要使肝糕老嫩适中。

儿科主任医师叮咛

这道菜易消化，很容易被人体吸收利用，有强健身体的作用。其中，鸡汤具有提高宝宝免疫力的作用。

鸭肾粥 含铁量高

准备时间	制作时间	烹饪方式	制作难度
5分钟	30分钟	煮	★ ☆ ☆

原料

鸭肾 1～2 个
小米 3 汤匙
水适量

做法

1. 将小米洗净；鸭肾切开洗净。
2. 把小米与鸭肾一起下锅，加水煮，水开后用慢火煲至稀糊状。
4. 把鸭肾取出，只喂宝宝粥。

儿童营养管理师解读

　　鸭肾粥适合缺铁的宝宝食用。鸭肾中含铁量高，还有少许胆固醇，而胆固醇也是宝宝成长所需的。

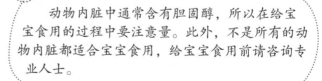 儿科主任医师叮咛

　　动物内脏中通常含有胆固醇，所以在给宝宝食用的过程中要注意量。此外，不是所有的动物内脏都适合宝宝食用，给宝宝食用前请咨询专业人士。

10～12个月，辅食添加后期：咀嚼型

在这一时期宝宝要从断奶晚期过渡到结束期，初期的辅食类型为细嚼型，质地为碎末，如碎菜、虾末、瘦肉末、馒头和面片。宝宝快满1周岁时，可将辅食类型转为咀嚼型，质地比正常饭菜软烂。这个时期宝宝的饮食需从以乳类为主渐渐过渡到以谷类食物为主，宝宝可以正常吃主食了。妈妈要特别注意辅食的质与量，既要避免宝宝营养不良，也要避免过度喂养。

宝宝食谱设计要点

从辅食中获取营养

这个阶段的宝宝需要减少乳制品的摄入，增加辅食的摄入。因为在这个阶段，即使妈妈有比较充

建立有规律的作息及三餐时间，对宝宝的成长非常有益。

足的母乳，单喂母乳已不能满足宝宝每日所需的营养，必须为宝宝添加辅食，以便为宝宝补充维生素、膳食纤维素、蛋白质等。奶制品可以补钙，但这个月不要给宝宝断母乳，只需要掌握好喂母乳的时间。一般情况下，可在早晨起来、临睡前、半夜醒来时给宝宝喂母乳。这样，白天宝宝就不会总要吃母乳、不会总和妈妈撒娇了，也就不影响宝宝吃辅食了。

逐渐改为一日三餐制

在这一阶段，可以根据情况让宝宝习惯一日三餐了。一般宝宝都会流露出一些迹象提醒爸爸妈妈，比如总是这顿好好吃，下顿不好好吃，下一顿又好好吃，就说明中间这一顿宝宝不饿，可以取消这顿。

爸爸妈妈可以分早、中、晚3次喂宝宝吃辅食，使宝宝与大人的进食时间同步，喂完辅食后紧接着让宝宝喝点牛奶，早晚各喝一次，可以将酸奶、奶酪等乳制品或饼干、水果等作为零食随时给宝宝食用。

循序渐进断母乳

前几个月的辅食添加为断母乳提供了基础。此时，妈妈应尽可能采用自然断奶法，逐渐减少喂母乳的时间和量，用配方奶或辅食替代母乳，直到完全停止母乳喂养。不要采用将药物或辛辣食物涂在乳头上的强制断奶法，以免给宝宝的心理造成不良影响。断奶应选择气候适宜的春秋季节，最好别在夏季断奶，宝宝生病时也不宜断奶。

让宝宝爱上蔬菜

有的宝宝不爱吃蔬菜，爸爸妈妈将蔬菜切碎混合到其他食物中，或者选择其他形式喂给宝宝，但宝宝仍不肯吃。这时爸爸妈妈也不用着急，更不要强迫宝宝去吃。

我们让宝宝多吃蔬菜，是因为蔬菜中含有钙、钾、铁等矿物质和维生素 A、维生素 B_1、维生素 C 等。如果宝宝不爱吃蔬菜，我们可以给宝宝喂食用这些蔬菜制作的馅类食品，或变换制作花样，但不要用水果代替蔬菜，因为水果中所含的矿物质不如蔬菜多。

鱼、肉、蛋、奶类不可少

在这一时期，宝宝身体的各部分组织都需要充足的营养，其中以蛋白质为主。蛋白质的来源主要是鱼、肉、蛋、奶类。其中，牛奶是动物性蛋白质的最好提供者，这也是给宝宝断奶但不断奶制品的原因。

留住食物中的营养

宝宝渐渐长大，能吃的食物越来越多，烹饪方式也有更多的选择。妈妈在给宝宝做辅食时，应最大限度地保存食物中的营养素，减少不必要的营养流失。妈妈可从下列几点予以注意：

蔬菜要新鲜，先洗后切，以防水溶性维生素溶解在水中；水果在要吃的时候再削皮，以防维生素在空气中氧化。

用容器蒸或焖米饭，可很好地保留其中的维生素 B_1 和维生素 B_2。

蔬菜最好用蒸煮或大火急炒的方式烹制，这样维生素 C 的损失较少。

合理使用调料，比如醋可起到保护蔬菜中 B 族维生素和维生素 C 的作用。在做鱼和炖排骨时，加入适量醋，可促使骨中的钙溶解，有利于宝宝吸收。

尽量不采用油炸的烹饪方式，因为高温对维生素的破坏较大。

父母可能遇到的问题

宝宝拒绝吃果蔬怎么办

宝宝会用一些行动表示自己不喜欢果蔬，拒绝吃果蔬。此时，妈妈应该找出原因，想一想适合自己宝宝的解决方法，让宝宝慢慢接受，而不是马上放弃。

一口饭菜在口中含好久

观察一下，宝宝口中是不是有青菜。如果是，下一口食物可选择宝宝喜欢的食物。有时可将宝宝喜欢吃的食物与蔬菜混合一起喂食。

咬不下去

因纤维素的存在，宝宝咀嚼蔬菜较费力，容易放弃吃这类食物。制作餐点时，记得选择新鲜幼嫩的原料，或将食物煮得软烂，便于宝宝进食。

吞不下去

像金针菇、豆苗及纤维太长的蔬菜，宝宝直接吞食容易发生吞咽困难或造成呕吐，建议制作时先切细或剁碎。

呕吐的动作

部分果蔬中含有特殊气味，如苦瓜、荠菜、荔枝等，宝宝可能不太接受，可减少供应的量或等宝宝较大时再试。

太酸了

大部分的宝宝无法接受太酸的水果，可将水果放得较熟以后再吃。也可试试甜的水果或在里面加些酸奶打成果汁（不滤汁），或做成果冻吸引宝宝尝试。

宝宝可以吃汤泡饭吗

有的妈妈觉得汤营养丰富，而且容易消化，所以喜欢给宝宝吃"汤泡饭"。其实，这是一个错误的做法。

汤泡饭不利咀嚼与消化

很多宝宝不喜欢吃干饭，喜欢吃"汤泡饭"。妈妈为了贪图方便，便顺着宝宝，每餐用汤拌着饭喂宝宝。长久下来，宝宝不仅可能会营养不良，而且也养成了不肯咀嚼的坏习惯。而食物不经过牙齿的咀嚼和唾液的搅拌，会影响消化吸收，甚至会导致一些消化道疾病的发生。所以，一定要宝宝改掉吃"汤泡饭"的坏习惯。

只要将手洗干净，妈妈们甚至应该允许1岁以内的宝宝"玩"食物，以使宝宝对进食更有兴趣。

餐前适量喝汤才正确

当然，反对给宝宝吃"汤泡饭"并不是说宝宝就不能喝汤了，其实鲜美可口的鱼汤、肉汤可以刺激胃液分泌，增加食欲，只是需要妈妈掌握好宝宝每餐喝汤的量和时间。餐前喝少量汤有助于开胃，但千万不要让宝宝无节制地喝汤。

如何防治宝宝积食

有的妈妈老担心饿着宝宝，一次给宝宝喂食比较多；有的妈妈想给宝宝多种营养，早早地一天换一样辅食。这样不仅不利于宝宝胃功能的发育，还容易使宝宝积食。

不要喂得太多太快

给宝宝添加辅食，至少1周左右再改品种，量也不要一下增加太多，要仔细观察宝宝的反应，如添加辅食后宝宝很久不思母乳，就说明辅食添加过多、过快，要适当减少。

发现宝宝有积食需停喂

宝宝如出现不消化现象，会出现呕吐、拉稀、食欲不振等症状，如果喂什么宝宝都把头扭开，手掌拇指下侧有轻度青紫色，说明有积食，要考虑停喂两天辅食，还可到中药店买几包"小儿消食片"（一般为粉末状，加少许在米汤、牛奶或稀奶糊中喂入即可）。

不要将各种辅食混在一起喂宝宝，这不利于宝宝味觉的发育。

给宝宝吃一些蜂蜜好吗

蜂蜜中含有多种营养成分，营养价值比较高，历来被认为是滋补的上品。但1岁以内的宝宝却不宜食用，这是因为蜜蜂在采蜜时，难免会采集到一些有毒的植物花粉，或者将致病菌混入蜂蜜中，宝宝食用以后会出现不良反应，比如腹泻、疲倦、食欲减退等。另外，蜂蜜中还可能含有一定的雌性激素，如果长时间食用，可能导致宝宝提早发育。

如何避免喂出肥胖宝宝

肥胖的发生虽与遗传有关，但最直接的原因可能是妈妈缺乏喂养知识，过分增加营养，让宝宝过多进食，造成热量过剩，导致肥胖。所以，合理喂养是避免宝宝肥胖的主要方法。

根据宝宝的具体情况合理添加辅食

宝宝的代谢水平不同，需根据体格发育情况，在正常范围内让宝宝选择进食的多少，不必按固定模式喂养。

减少糖、脂肪的摄取量

糖和脂肪为人体热量的主要来源，所以给宝宝喂高热量食物时要有所控制，减少油、脂肪、糖等的摄入。

供给足够的蛋白质

蛋白质是宝宝生长发育不可缺少的营养物质之一，以1～2克/千克（体重）为宜，可选择瘦肉、鱼、虾、豆制品等作为蛋白质的来源。

断奶期如何合理喂养宝宝

9～12 个月是宝宝以吃奶为主过渡到以吃辅食为主的重要阶段，这个时期又被称为断奶期。断奶时，宝宝的食物构成要发生变化，因此要注意科学喂养。

选择、烹调食物要用心

选择食物要得当，食物应变换花样，巧妙搭配。烹调食物要尽量做到色、香、味俱全，适应宝宝的消化能力，并能勾起宝宝的食欲。

饮食要定时定量

宝宝的胃容量小，所以应当少量多次地喂食。刚断母乳的宝宝，每天要保证 5 餐，早、中、晚餐的时间可与大人一致，两餐之间应加牛奶、点心、水果。

喂食要有耐心

断奶不是一瞬间的事，从开始断奶到完全断奶，宝宝需要一个适应过程。有的宝宝很不适应断奶，因而喂辅食时更要有耐心，让宝宝慢慢咀嚼。

让宝宝养成良好的进餐习惯

有的宝宝不好好吃饭，喂他吃饭就像老鹰抓小鸡；还有些宝宝偏食、挑食，喜欢吃的就吃很多，不喜欢吃的，怎么劝也不吃一口。这些情况都很让妈妈头疼，事实上这大多和妈妈对宝宝过度溺爱、无原则地迁就有关。那么，怎样让宝宝养成良好的进餐习惯呢？

应尽量让宝宝多尝试新的食物，养成不偏食、不挑食的好习惯。

让宝宝自己吃饭：开始添加辅食时由妈妈拿勺喂，慢慢地宝宝能自己吃饭时，妈妈就不用喂了。自己吃饭不但能引起宝宝对食物的极大兴趣，还能增强食欲。

让宝宝定点吃饭：学步早的宝宝，一定要坐在一个固定的位置吃饭，不能边吃边玩，否则分散进餐的注意力。进餐时间过长也会影响消化吸收。

饭前不能吃零食：宝宝的胃容量很小，消化能力有限，饭前吃零食会让宝宝在该吃饭时不想吃饭。

不要暴食：好吃的东西要适量吃，食欲好的宝宝吃东西也要有节制，以免出现胃肠道疾病或者"吃伤了"。

一日食谱范例

06：00　母乳或配方奶 200 毫升，布丁 1 块

08：00　鱼肉豆腐羹适量

10：00　香蕉 1 个

12：00　蔬菜拌牛肝适量，猕猴桃汁 100 毫升

15：00　苹果 1/2 个，酸奶 1 杯

18：00　扁豆薏米粥适量

21：00　母乳或配方奶 200 毫升

营养辅食方案

玉米毛豆粥 富含纤维素、卵磷脂

准备时间	制作时间	烹饪方式	制作难度
5分钟	20分钟	煮	★★☆

原料

鲜玉米粒 20 克
鲜毛豆粒 10 克

做法

1. 将玉米粒、毛豆粒洗净打成糊。
2. 将打成的糊入锅大火煮 10 分钟即可。

儿童营养管理师解读

玉米的粗纤维含量很高，比精米、精面高 4～10 倍。毛豆营养丰富，其所含的卵磷脂是大脑发育不可缺少的营养成分之一，有助于提高宝宝大脑的记忆力和智力水平。

大米芝麻粥 补铁、促进大脑发育

⏳准备时间	⏳制作时间	烹饪方式	制作难度
10分钟	70分钟	煮	★ ☆ ☆

📝原料

大米 50 克
芝麻 1 汤勺
核桃仁 1 个
花生 15 粒

📝做法

1. 将核桃仁、花生切碎，与芝麻一起放在锅内炒熟，待凉后打成粉。
2. 大米煮开加入打好的粉，小火煮 30 分钟即可。

📝儿童营养管理师解读

　　每100 克芝麻中含钙564 毫克，含铁50 毫克，是猪肝含铁量的 2 倍、鸡蛋黄含铁量的 7 倍，芝麻可补血、补肝、润肠，促进大脑发育。

✚儿科主任医师叮咛

　　食材中有花生，在宝宝第一次食用坚果类的食物时要注意，先少食尝试，观察没有过敏反应后再开始放量食用；如有过敏反应，应立即停止食用。一般过敏反应可逐渐自行消退，如症状不见消退，应立即前往医院诊治。

奶油豆腐 提供钙、维生素E

准备时间	制作时间	烹饪方式	制作难度
5分钟	10分钟	煮	★☆☆

原料

豆腐 50 克
奶油 15 克

做法

1. 将豆腐切成小块。
2. 将豆腐与块奶油加水一起煮，至熟即可。

儿童营养管理师解读

　　此道辅食富含钙质、蛋白质和维生素E，且香甜软糯，非常适合宝宝食用。

✚儿科主任医师叮咛

　　如果宝宝对牛奶过敏，可直接将豆腐用水煮熟，放一点点盐调味。

西瓜水果盅 祛暑热、解烦渴

准备时间	制作时间	烹饪方式	制作难度
15 分钟	20 分钟	冷拼	★ ☆ ☆

原料

西瓜 1/2 个
草莓 10 颗
桃肉 30 克
菠萝肉 30 克
荔枝 5 个

做法

1. 菠萝肉切块，桃肉切块，草莓洗净，荔枝剥皮去核留肉备用。
2. 在西瓜底部横切一刀，留底；将瓜瓤挖出来，去籽，切块；然后将西瓜肉与菠萝块、桃块、草莓、荔枝肉一起装入掏空的西瓜内即可。

儿童营养管理师解读

西瓜味道甘甜多汁，可祛暑热；菠萝酸甜开胃，可解暑止渴；荔枝肉含丰富的维生素 C 和蛋白质。

儿科主任医师叮咛

这道辅食有很好的利尿作用，并有助于增强机体免疫力。

扁豆薏米粥 清热泻火、祛除暑热

准备时间	制作时间	烹饪方式	制作难度
120 分钟	60 分钟	煮	★ ☆ ☆

原料

白扁豆 30 克
薏米 30 克
大米 30 克
白糖少许

做法

1. 薏米洗净，浸泡 2 小时；白扁豆洗净；大米洗净。
2. 锅里放水，先把薏米和白扁豆放进去煮，快熟时放大米，煮至粥绵软即可。吃的时候放一点儿白糖调味。

儿童营养管理师解读

薏米富含蛋白质、维生素 B_1、维生素 B_2，长期食用可促进体内血液、水分的新陈代谢，并有利尿消肿的作用；白扁豆口感糯中带沙，具有健脾化湿、利尿消肿的作用。

儿科主任医师叮咛

要注意，宝宝具备一定咀嚼能力后才能食用薏米。

胡萝卜牛肉粥 促进血液循环、强健筋骨

准备时间	制作时间	烹饪方式	制作难度
30分钟	60分钟	煮	★☆☆

原料

胡萝卜 3~4 片
牛肉碎 20 克
大米 50 克

做法

1. 先将大米打碎，再泡 30 分钟。
2. 将胡萝卜磨成蓉。
3. 将大米下锅加水煲，水滚后用慢火煲至呈稀糊状。
4. 加入胡萝卜蓉和牛肉碎，待牛肉碎熟透即可。

儿童营养管理师解读

这道辅食富含维生素和铁，有滋养脾胃、强健筋骨等功效；大米含淀粉及多种微量元素，能提供能量。

✚ 儿科主任医师叮咛

胡萝卜素可刺激皮肤的新陈代谢，促进血液循环，从而使宝宝皮肤细腻光滑，肤色红润。

鱼肉豆腐羹 补充不饱和脂肪酸

准备时间	制作时间	烹饪方式	制作难度
15 分钟	15 分钟	蒸	★★☆

原料

无骨鱼肉 100 克

豆腐 30 克

胡萝卜 30 克

盐、食用油、葱末各少许

做法

1. 将无骨鱼肉切成细末，将豆腐切成小粒，将胡萝卜擦成丝。
2. 将鱼肉末、豆腐粒、胡萝卜丝混合在一起，加少量盐，上锅蒸 6～7 分钟，端出。
3. 炒锅置火上，放油，油热后炝葱末，然后轻轻地浇在鱼肉豆腐羹上即可。

儿童营养管理师解读

此羹色泽鲜亮，鲜香有味，口感好，是宝宝夏季的饮食佳品。

✚ 儿科主任医师叮咛

此羹营养价值高，易消化，好吸收。

奶香三文鱼 富含 DHA

准备时间	制作时间	烹饪方式	制作难度
20 分钟	30 分钟	蒸	★★☆

原料

三文鱼 30 克
牛奶 20 毫升
黄油、洋葱各适量

做法

1. 将三文鱼切片，用牛奶腌 20 分钟左右。
2. 将黄油在炒锅里加热，放洋葱煸香，浇在鱼片上。
3. 将三文鱼片放在蒸锅里蒸 7 分钟即可。

儿童营养管理师解读

这道菜松软滑嫩，鲜香有味，特别适合宝宝。它含有丰富的蛋白质、钙、铁及维生素 D 等，且易于消化和吸收。烹饪时，切勿把三文鱼烧得过烂，只需把鱼做成八成熟即可，这样既保证了鱼肉鲜嫩，又祛除了腥味。

儿科主任医师叮咛

三文鱼中含有丰富的不饱和脂肪酸，它是宝宝大脑、视网膜及神经系统发育必不可少的物质。购买三文鱼时，最好选择新鲜的，因为经过多次解冻的三文鱼，蛋白质分解加剧，卫生和营养都受到了影响。

蔬菜豆腐泥 补充胡萝卜素、钙及维生素 A

准备时间	制作时间	烹饪方式	制作难度
10 分钟	40 分钟	煮	★ ☆ ☆

原料

胡萝卜 5 克
嫩豆腐 30 克
荷兰豆 5 克
蛋黄 1/2 个
水 200 毫升

做法

1. 胡萝卜去皮，与荷兰豆一同煮熟后，切成极小的块。
2. 将胡萝卜块、荷兰豆与水放入小锅，嫩豆腐边捣碎边加进去，大火煮到汤汁变少；最后将蛋黄打散加入锅里煮熟即可。

儿童营养管理师解读

此泥色彩鲜艳，口感嫩滑，富含胡萝卜素、蛋白质、钙、铁、维生素A、维生素E等，营养丰富，为宝宝的身体发育提供必需的营养元素，建议经常食用。

草莓柑橘拌豆腐 增强宝宝免疫力

准备时间	制作时间	烹饪方式	制作难度
10分钟	15分钟	凉拌	★★☆

原料

草莓 2 个
柑橘 3 瓣
嫩豆腐 15 克
盐、食用油、葱末各少许

做法

1. 用盐水将草莓洗净,切碎;把橘瓣去皮、去核研碎;将嫩豆腐在开水锅中煮一下,捞出,研成泥状。
2. 把草莓碎、橘泥、豆腐泥放到一个碗里,拌匀即可。

儿童营养管理师解读

此菜色泽美观,鲜香适口。草莓富含维生素C、苹果酸;柑橘富含维生素C、碳水化合物、有机酸、胡萝卜素、蛋白质B族维生素、维生素E、膳食纤维和钙、锌、铁等矿质元素。

✚ 儿科主任医师叮咛

一个柑橘中所含的维生素C几乎可以满足宝宝一天的需要,能够增强宝宝的免疫力。

萝卜鸡肉末 补充蛋白质、维生素 C

准备时间	制作时间	烹饪方式	制作难度
10分钟	30分钟	煮	★★☆

原料

鸡胸肉 50 克

白萝卜 100 克

海米 10 粒

鸡汤适量

做法

1. 将鸡胸肉洗净，切成肉末备用。
2. 将白萝卜切薄片，焯后控去水分备用。
3. 海米入鸡汤煮开，把鸡肉末、白萝卜片入锅，大火煮，边煮边用筷子搅拌至熟透。

儿童营养管理师解读

这道菜口感清淡，营养丰富。可以为宝宝提供钙、蛋白质、维生素 C、纤维素等多种营养元素。

蔬菜拌牛肝 保护宝宝视力

准备时间	制作时间	烹饪方式	制作难度
20分钟	50分钟	煮	★★☆

⎡原料

牛肝 50 克

番茄、胡萝卜各 30 克

⎡做法

1. 将牛肝外层薄膜剥掉，用凉水将其血水泡出。
2. 锅中加水，放入牛肝煮烂，然后捣碎。
3. 番茄用开水烫一下，随即剥皮去瓤，并捣碎；胡萝卜去皮，切粒，煮熟后捣碎。
4. 将捣碎的肝泥和番茄泥、胡萝卜泥拌匀，即可喂食。

⎡儿童营养管理师解读

此菜绵润嫩滑，鲜香美味，营养丰富。选购牛肝时，要选择质地软且嫩、手指稍用力可插入切开处的，这样的牛肝做熟后味鲜、口感好。

✚儿科主任医师叮咛

牛肝中维生素 A 的含量远远超过奶、蛋、肉、鱼等食品，有利于保护视力。

海米冬瓜 补钙效果显著

准备时间	制作时间	烹饪方式	制作难度
15 分钟	15 分钟	炒	★ ★ ☆

原料

冬瓜 100 克
海米 10 克
水淀粉、香葱末、姜末、盐、食用油各适量

做法

1. 将冬瓜削去外皮，去瓤、籽，洗净，切成片；将海米用温水泡软。

2. 炒锅放油加热，倒入冬瓜片，待冬瓜片变翠绿色时盛出备用。

3. 炒锅留少许底油，烧热，爆香葱末、姜末，加入半杯水、鸡精、绍酒、盐和泡软的海米，烧开后放入冬瓜片，再用大火烧开，转用小火焖烧，冬瓜熟透且入味后，下水淀粉勾芡，炒匀即可出锅。

儿童营养管理师解读

这道菜汁浓味鲜，瓜嫩爽滑，宝宝一定会喜欢吃。这道菜中含有丰富的纤维素、铁、钙、磷等营养素，有益于宝宝的生长发育。

油菜海米豆腐 补充碘、蛋白质及多种维生素

准备时间	制作时间	烹饪方式	制作难度
10分钟	15分钟	炒	★★☆

原料

豆腐 250 克
油菜 100 克
海米 50 克
食用油、香油、盐、水淀粉、葱花各少许

做法

1. 将豆腐切成 1.5 厘米见方的丁；海米用开水泡发后切碎；油菜择洗干净，切碎。
2. 将油放入锅内，加热后下入葱花炝锅，投入豆腐丁、海米末，翻炒几下再放入油菜碎，炒透后加入盐、调入水淀粉勾芡，最后淋上香油即可。

儿童营养管理师解读

这道菜色泽白绿，味道鲜美，营养丰富，含有幼儿生长所必需的优质蛋白质、脂肪、维生素 B_1、维生素 B_2、维生素 C、胡萝卜素和钙、磷等多种营养素。

儿科主任医师叮咛

婴幼儿处在生长发育十分迅速的时期，对碘的需要量明显增加，极易有碘缺乏的问题。
海米中含有丰富的碘，可以给予很好的补充。

虾仁菜花 富含蛋白质、膳食纤维

⟋准备时间	⟋制作时间	⟋烹饪方式	⟋制作难度
20 分钟	10 分钟	炒	★ ★ ☆

⟍原料

菜花 60 克

虾仁 50 克

盐、食用油、白糖、葱、蒜各适量

⟍做法

1. 菜花切小朵，泡洗干净；虾仁解冻，用料酒腌 10 分钟去腥；葱切小段，蒜用刀拍扁去皮备用。
2. 热油锅把蒜瓣爆香，下菜花炒一下，放适量水焖煮至软。
3. 放入虾仁、盐、白糖和鸡精炒至虾仁变色、卷起来，再放入葱段炒匀即可。

⟍儿童营养管理师解读

虾仁含有丰富的蛋白质和钙、磷、铁等矿物质；菜花富含蛋白质、碳水化合物、膳食纤维、多种维生素和钙、磷、铁等矿物质。

✚ 儿科主任医师叮咛

这道菜营养丰富，能全方位满足宝宝的营养需求。

西蓝花土豆泥 促进骨骼和牙齿发育

准备时间	制作时间	烹饪方式	制作难度
15分钟	20分钟	炒	★★☆

原料

西蓝花 30 克
土豆 30 克
肉末 10 克
食用油适量

做法

1. 西蓝花洗净，煮熟后切碎；土豆煮熟后去皮，研成泥状。
2. 炒锅上火，倒油，油热后放入肉末煸炒至熟，与土豆泥、西蓝花碎混合搅拌均匀，即可喂食。

儿童营养管理师解读

西蓝花的营养十分全面，包括丰富的蛋白质、碳水化合物、脂肪、矿物质、维生素 C 和胡萝卜素等。

✚ 儿科主任医师叮咛

常给宝宝吃西蓝花，有助于宝宝生长，确保宝宝牙齿及骨骼的发育，还有利于保护视力、提高记忆力。

砂锅豆腐 清热润燥

准备时间	制作时间	烹饪方式	制作难度
10 分钟	10 分钟	煮	★ ★ ☆

原料

豆腐 250 克
香菇、虾米各 10 克
火腿肉 30 克
盐少许

做法

1. 豆腐切片，上屉蒸至出现蜂窝状时取出备用；虾米、香菇用水泡开，切碎。
2. 将豆腐片放到砂锅里，上面铺上香菇虾米碎和火腿肉，加入少许水、盐，上火煨 15 分钟，开锅后再稍微焖火一下即成。

儿童营养管理师解读

豆腐有清热润燥、宽肠消胀的功效。香菇、虾米营养价值高，富含优质蛋白质。

✚儿科主任医师叮咛

腹部胀气的宝宝吃这道辅食可缓解症状。香菇和虾米一定要切得细碎一些，以便宝宝更好地消化吸收。

牛肉燕麦粥 促进肠胃蠕动、增强免疫力

准备时间	制作时间	烹饪方式	制作难度
3分钟	30分钟	煮+搅	★★☆

原料

牛肉 40 克
燕麦 25 克
水 500 毫升

做法

1. 将燕麦浸泡 3 个小时后用清水洗净。
2. 燕麦放入锅中，加水，大火煮开后转小火续煮 15 分钟。
3. 在煮好的燕麦粥里放入切成丝的牛肉，大火煮 5 分钟至牛肉全熟。
4. 将煮好的燕麦牛肉粥放进搅拌机，搅打成糊状即可。

儿童营养管理师解读

牛肉可增强宝宝免疫力，燕麦含有丰富膳食纤维，可增强肠胃蠕动，都是很好的保健食品。

✚ 儿科主任医师叮咛

为了让宝宝更好地消化牛肉和燕麦，粥煮好后，要放入搅拌机中搅打成糊。

鲜香排骨汤 为宝宝补充碘

准备时间	制作时间	烹饪方式	制作难度
20分钟	60分钟	炖	★★☆

原料

猪小排 500 克

海带 200 克

葱段、姜片各适量

做法

1. 将海带浸泡 20 分钟，取出用清水洗一下，切成长方块；将猪小排洗净，用刀顺骨切开，剁成段，放入沸水锅中焯一下，捞出备用。

2. 高压锅内加入适量清水，放入猪小排、葱段、姜片，用旺火烧沸，撇去浮沫，烧开后用中火焖烧约 15 分钟，倒入海带块，再用旺火烧沸 5 分钟即成。

儿童营养管理师解读

此汤鲜香美味，营养丰富，有助于宝宝牙齿和骨骼的发育。

✚ 儿科主任医师叮咛

骨汤虽然营养丰富，但是也要注意摄入量，避免食用过多导致宝宝营养过剩，体重超标。

牛奶八宝粥 强身健体

准备时间	制作时间	烹饪方式	制作难度
30 分钟	60 分钟	煮	★ ★ ☆

原料

红豆、绿豆、莲子、桂圆干、红枣、薏米、黑米、糯米各 30 克
牛奶 200 毫升

做法

1. 将红豆、绿豆、莲子、桂圆干、红枣洗净后浸泡 30 分钟左右，薏米、黑米、糯米淘洗干净。
2. 锅里放水，加入上面的 8 种食材熬煮，粥将熟时，倒入牛奶再用大火煮开，即可喂食。

儿童营养管理师解读

牛奶八宝粥黏稠滑爽，奶香浓郁，营养丰富。隆冬时节给宝宝喝一碗牛奶八宝粥，能增强其身体的御寒能力。

猪肉萝卜面 改善缺铁性贫血

准备时间	制作时间	烹饪方式	制作难度
10分钟	10分钟	煮	★★☆

原料

排骨肉或小里脊肉 20 克
红皮小水萝卜 20 克
奶酪 20 克
宝宝面条适量
食用油少许

做法

1. 将宝宝面条打成颗粒状或用手掰碎。
2. 将肉切小丁，小火萝卜切小丁。锅内放少量水，加入肉丁、小水萝卜丁，大火煮 5 分钟，捞出晾凉后放入榨汁机打成泥。
3. 将掰好的宝宝面条入锅煮 5 分钟，将打好的泥倒入锅中同煮，煮开后，加入少许食用油、奶酪，再大火煮 1～2 分钟即可。

儿童营养管理师解读

猪肉能为人体提供必需的脂肪酸。选购猪肉时，根据肉的颜色、外观、气味等可以判断出肉质好坏。优质的猪肉，脂肪白而硬，且带有香味，肉的外面往往有一层稍干燥的膜，肉质紧密，富有弹性。

✚ 儿科主任医师叮咛

此道辅食还可为宝宝提供有机铁和促进铁吸收的半胱氨酸，有利于防治缺铁性贫血。

家常打卤面 补充多种维生素

准备时间	制作时间	烹饪方式	制作难度
20分钟	20分钟	煮	★★☆

原料

面条50克
肉汤300毫升
肉末、油、木耳、黄花菜、鸡蛋、笋片各20克
淀粉、盐、酱油、葱花各少许

做法

1. 黄花菜泡好，挤干，切成末；木耳洗净，撕成小片；笋片切成细丝；鸡蛋打入碗中搅匀。
2. 锅中放油烧热后放葱花、肉末翻炒几下，放笋丝、黄花菜末、木耳片翻炒几下，倒入肉汤。
3. 放盐、酱油调味。将鸡蛋液慢慢倒入锅中，形成蛋花，用淀粉勾芡，制成卤汁。
4. 将面条掰碎煮熟，捞出浇上卤汁即可。

儿童营养管理师解读

打卤面味道鲜美，营养丰富，可补充宝宝身体发育所需要的多种营养素。

儿科主任医师叮咛

黄花菜、木耳要泡发充分，但也不宜浸泡过久。有腹泻症状的宝宝不宜食用这道辅食。

三色肝末 补锌效果显著

准备时间	制作时间	烹饪方式	制作难度
15 分钟	30 分钟	煮	★ ★ ☆

原料

猪肝、胡萝卜、番茄、菠菜各 50 克
盐、肉汤各少许

做法

1. 将猪肝洗净，用开水烫一下，然后切碎；胡萝卜去皮洗净后切碎；番茄用开水烫一下，剥去皮后切碎；菠菜择洗干净后切碎。
2. 把切碎的猪肝、葱头、胡萝卜放入锅内，加肉汤煮熟后加西红柿、菠菜、盐，稍煮片刻即可出锅。

儿童营养管理师解读

猪肝和菠菜中含有丰富的锌。这道菜色彩鲜艳，口感清淡，很适合缺锌的宝宝。

儿科主任医师叮咛

给宝宝食用的动物肝脏务必反复浸泡清净，蒸煮熟透，以免细菌侵入。

黄鱼羹 健脾开胃

准备时间	制作时间	烹饪方式	制作难度
20分钟	30分钟	烧	★★☆

◥原料

黄鱼半条（约 200 克）

鲜豆瓣 100 克

葱末、姜末、盐、淀粉、黄酒、胡椒粉、熟猪油各适量

◥做法

1. 将黄鱼去除鳞鳃和内脏，撕去头部，洗净，放入锅里加水 500 毫升煮熟。
2. 将煮熟的黄鱼捞出，剔除鱼骨、刺，将鱼肉切成蒜瓣状，鱼汤滤去杂质。
3. 锅置火上，放入熟猪油烧热，下鲜豆瓣、葱末、姜末爆炒，加入鱼汤、鱼肉、黄酒和盐，大火煮 3 分钟左右。
4. 将淀粉调稀，缓缓淋入锅内勾芡，待汤汁浓稠时，撒上胡椒粉即可食用。

◥儿童营养管理师解读

黄鱼中含有丰富的蛋白质、维生素，锌含量尤其丰富。

✚儿科主任医师叮咛

此羹可增强宝宝食欲，对拉肚子有一定的食疗功效，对宝宝的发育很有益。

酱香面 补充热量

准备时间	制作时间	烹饪方式	制作难度
10分钟	30分钟	煮	★★☆

原料

手擀面 150 克
猪肉泥 80 克
胡萝卜 20 克
食用油、黄酱各适量
葱末、姜末、盐、酱油各少许

做法

1. 锅里放油，油热后放入猪肉泥，煸炒变色后放葱末、姜末、酱油、黄酱、盐炒透，作为炸酱；胡萝卜洗净，切细丝。
2. 将手擀面放入开水锅里煮熟，捞入温开水盆里过凉，再盛入碗中，浇上炸酱、胡萝卜丝拌匀即可。

儿童营养管理师解读

此面香味浓郁，柔软适口。可以为宝宝提供充足的蛋白质、B族维生素、碳水化合物等营养素。炸酱时要不停翻搅，以免煳锅。

儿科主任医师叮咛

此面适合短期食欲差的宝宝，可以增强宝宝食欲，为宝宝补充能量。

鱼蓉丸子面 富含蛋白质、微量元素

准备时间	制作时间	烹饪方式	制作难度
15 分钟	20 分钟	煮	★ ★ ☆

原料

黄花鱼肉 100 克

鸡蛋 1 个

手擀面 60 克

淀粉、盐各少许

做法

1. 将黄花鱼肉剁成鱼蓉，放入鸡蛋、淀粉、盐搅拌均匀。

2. 锅里水烧开后，用手将拌好的鱼蓉挤成小丸子，然后放到锅里煮，待丸子漂起来后，盛到碗里备用。

3. 手擀面用沸水煮熟后，过一下温开水，捞起放在有鱼丸的碗里。

4. 锅内倒入鱼汤煮沸，盛入鱼丸碗中，拌匀即可食用。

儿童营养管理师解读

此面鱼香扑鼻，面条滑爽。黄花鱼中含有丰富的蛋白质、微量元素和维生素，对宝宝的生长发育极为有利。

儿科主任医师叮咛

烹制的时候，要注意将鱼刺清理干净，以免宝宝误食鱼刺，卡到喉咙而发生意外。

银鱼蛋饼 促消化、易吸收

准备时间	制作时间	烹饪方式	制作难度
5分钟	30分钟	煮	★★☆

原料

银鱼 100 克
鸡蛋 2 个
食用油各适量
盐、白糖各少许

做法

1. 鸡蛋打入碗里，加入盐、白糖搅匀。
2. 银鱼用清水泡软后洗净，用黄酒和盐腌20分钟，沥干。
3. 锅里放油，烧热后先把银鱼翻炒一下盛出；锅里再加油，倒入蛋液，轻轻推动，至呈半凝固状时将银鱼倒在蛋上，小火略煎，至两面微黄即可。

儿童营养管理师解读

这道菜滑嫩柔韧，营养丰富，常吃对肺部、咽部有滋润作用，易于宝宝的消化和吸收。

儿科主任医师叮咛

对蛋白过敏的宝宝要慎用这道菜，可以先给宝宝少量试喂，没有异常再继续喂食。

蛋皮拌菠菜 富含维生素 C、铁

✎准备时间	✎制作时间	✎烹饪方式	✎制作难度
10分钟	20分钟	煎	★★☆

✎原料

鸡蛋 1 个
菠菜 100 克
食用油、香油、盐、白糖、芝麻各适量

✎做法

1. 将鸡蛋打散，加少许盐，放入油锅摊成蛋皮；菠菜洗净，入开水锅内稍烫捞出，切成小段，放入盘内加盐、白糖拌匀。

2. 食用油烧热，浇在盘内，加少许香油搅拌均匀，把蛋皮切成细丝围在菠菜旁边，最后撒一点芝麻即可。

✎儿童营养管理师解读

菠菜茎叶柔软滑嫩、味美色鲜，含有丰富的维生素 C、胡萝卜素、蛋白质及铁、钙、磷等矿物质。

✚儿科主任医师叮咛

菠菜中的草酸含量高，而草酸和人体内的钙结合成不溶性的草酸钙。草酸钙不但不能被人体吸收利用，而且还妨碍人体对钙的吸收，因此要用开水将菠菜焯一下，以去除草酸。

番茄牛肉面 强身健体

准备时间	制作时间	烹饪方式	制作难度
30 分钟	60 分钟	煮	★ ★ ☆

原料

细面条 100 克
牛肉 100 克
番茄 150 克
葱段、姜片、蒜片、盐各少许

做法

1. 番茄洗净，烫后剥皮、切块；牛肉洗净切块，放入开水锅中汆烫，捞出。
2. 锅里倒入开水，放入牛肉、葱段、姜片、蒜片，煮开，焖至熟软，再放入番茄块、盐，煮至番茄熟烂，即成番茄牛肉汤。
3. 面条煮熟，盛入碗中，加入番茄牛肉汤汁即可。

儿童营养管理师解读

牛肉中含有充足的维生素 B_6，能促进蛋白质的新陈代谢和合成。且牛肉中的肌氨酸含量比其他食品的都高，这使它对增长肌肉、增强力量特别有帮助。

✚ 儿科主任医师叮咛

牛肉富含优质蛋白质，氨基酸组成比猪肉更接近人体需要，能提高机体抗病能力，对宝宝的生长发育特别有益。

扇贝粥 富含铁锌

准备时间	制作时间	烹饪方式	制作难度
10分钟	50分钟	煮	★★☆

原料

扇贝 100 克
大米 150 克
糯米 50 克
盐适量

做法

1. 大米和糯米掺在一起，用水洗净；扇贝去壳，用盐水清洗干净，放水中煮 10 分钟。
2. 汤锅放适量水，大火烧开，放入洗净的米，小火煮 40 分钟，至米黏稠时，放入煮好的扇贝。
3. 小火再煮 10 分钟，加盐调味即可。

儿童营养管理师解读

扇贝肉洁白细嫩、味道鲜美，且具有健脾和胃的功效。扇贝要用盐水清洗，这样它才不会因吸收淡水而冲淡鲜味。

✚ 儿科主任医师叮咛

扇贝适合 7 个月以上，且对海鲜不过敏的宝宝食用。

核桃汁 益智补脑

准备时间	制作时间	烹饪方式	制作难度
5分钟	20分钟	榨＋煮	★ ☆ ☆

原料

核桃仁 100 克
水或牛奶适量

做法

1. 把核桃仁放入温水中浸泡 5～6 分钟，去皮。
2. 用多功能食品料理机把核桃仁榨成浆汁，用干净的纱布过滤，使核桃汁流入小盆内。
3. 把核桃汁倒入锅内，加适量水或牛奶烧沸，待温后即可喂食。

儿童营养管理师解读

核桃中含有大量的脂肪和蛋白质，而且脂肪中 71% 为亚油酸，12% 为亚麻酸。这些物质都极易被人体吸收，而且对大脑的发育极为有利。核桃的蛋白质中还有一种对人体极为有益的物质——赖氨酸。赖氨酸是健脑的重要物质，能为大脑神经提供所需的营养，有助于提升宝宝的智力，增强记忆力。

胡萝卜豆浆 促进消化

准备时间	制作时间	烹饪方式	制作难度
5分钟	10分钟	榨+煮	★☆☆

原料

胡萝卜 100 克
黄豆 40 克
柠檬汁 5 克

做法

1. 胡萝卜洗净、切片，加入 400 毫升水，放入锅里煮。胡萝卜煮软后，将汁取出。
2. 将胡萝卜与浸泡后的黄豆放入榨汁机中打成豆浆。
3. 将煮软的胡萝卜捣成泥放入豆浆中，加入柠檬汁搅匀即可。

儿童营养管理师解读

胡萝卜富含碳水化合物、脂肪、胡萝卜素、铁等，配合营养丰富的黄豆，非常适合宝宝食用。

✚ 儿科主任医师叮咛

生豆浆一定要煮熟才能给宝宝食用，否则容易引起呕吐、腹泻等症。

空心粉番茄汤 补充维生素 C、E

准备时间	制作时间	烹饪方式	制作难度
5分钟	20分钟	煮	★★☆

原料

空心粉 150 克
番茄 70 克
水 1/4 杯
干酪粉 10 克

做法

1. 把空心粉煮熟之后切成小段。
2. 将番茄去皮去籽榨成汁。
3. 将空心粉、番茄汁放入锅中同煮，煮大约 10 分钟，煮沸之后撒上干酪粉即可。

儿童营养管理师解读

空心粉含有丰富的营养元素如蛋白质、维生素、无机盐、碳水化合物等。空心粉还可以为宝宝补充镁元素，促进骨骼生长和神经肌肉的兴奋，还能促进胃肠道功能，调节体内激素。

✚ 儿科主任医师叮咛

烹煮的时候，要把空心粉煮得没有白硬心，太硬不利于宝宝消化，而太软又不利于宝宝锻炼咀嚼能力。

13～24个月，辅食添加末期：细嚼型

这个阶段的宝宝已经有6～8颗牙齿了，其咀嚼能力和消化能力都有了明显的提高，饮食正从以乳类为主食转到以谷类、蔬菜、肉类为主食的阶段，食物种类和烹调方法将逐渐过渡到与成人相同。但由于宝宝的消化系统仍然比较脆弱，其饭菜还要以软烂为主，可适当增加较硬的食物，以锻炼咀嚼能力。这个时期的宝宝可以每天3餐，再加1～2次点心，还要喝2次奶（总量为400～500毫升），以补充优质蛋白质和钙。

宝宝食谱设计要点

坚硬食物不宜多吃

这个阶段宝宝的吞咽功能并没有爸爸妈妈想象得那样好，花生仁、瓜子、有核的枣等是不宜给宝宝食用的，以免误吞入气管，引起窒息。对这个年龄段的宝宝，应适当提供一些需要咀嚼又能够咀嚼得了的食物，所提供食物的硬度要遵循循序渐进的原则。

根据体重调节饮食

很多爸爸妈妈不知道这个阶段的宝宝吃多少合适，其实可以根据宝宝的体重来调节饮食。

对体重较轻的宝宝，应多安排一些高热量的食物，搭配西红柿蛋汤、酸菜汤或虾皮紫菜汤等，开胃又有营养，有利于宝宝体重的增加。

对超重的宝宝，应减少高热量食物，多安排一些粥、汤面、蔬菜等占体积的食物，减少脂肪和碳水化合物的摄入量。当宝宝吃得太多时，要予以限制。

但无论宝宝体重过轻还是超重，一定要保证蛋白质的摄入量，可以轮流提供牛奶、鸡蛋、鱼、瘦肉、鸡肉、豆制品等。每天的蔬菜、水果也必不可少。

健脑食物要多吃

现在，宝宝的大脑正快速发育，后天的营养与智力的关系极为密切，合理而充足的营养是宝宝大脑发育的保证。爸爸妈妈要记得多给宝宝吃些健脑食物。

动物内脏、瘦肉、鱼等含有人体不能合成的必需脂肪酸。它是婴幼儿生长发育的重要物质，尤其对中枢神经系统、视力、认知的发育起着极为重要的作用。

水果，特别是苹果，不但含有多种维生素、矿物质和碳水化合物等大脑构成所必需的营养成分，而且含有丰富的锌。锌与宝宝的记忆力关系密切。所以常吃水果，不仅有助于宝宝身体的生长发育，还可以促进宝宝智力的发育。

豆类及其制品含有丰富的蛋白质、脂肪、碳水化合物及维生素 A、B 族维生素等，尤其是蛋白质和必需氨基酸的含量高，其中以谷氨酸的含量最为丰富，它是大脑活动的物质基础。

饮食要粗细搭配

在这个时期，一味给宝宝吃精细食物并不合适，应注意粗细搭配。精细食物的营养成分丢失太多，而且精细食物往往含纤维素少，不利于肠道蠕动，容易引起便秘。但是，并不是说宝宝吃的食物越粗糙越好，就拿米面来说，加工太粗则难以被消化吸收。因此，给宝宝吃的食物，既不要过于精细，也不要太过粗糙。

食物原料选择好

宝宝吃得好，身体才能发育得好。对接近两岁的宝宝，爸爸妈妈的一项重要工作就是烹饪出色香味俱全的、宝宝喜欢吃的食物。

在菜肴原料的选择上，应选择新鲜、易煮烂、易咀嚼的食材，如多新鲜绿叶菜和豆制品；鱼类选择肉多刺少的海鱼或淡水鱼，如带鱼、鲳鱼、鲇鱼等；肉类宜买少骨、少筋的，如鸡胸脯肉、猪腿肉等。

食物加工要细心

在食物初加工时，应做到先洗后切。蔬菜先浸泡半小时到 1 小时，然后清洗；鱼、肉、虾应清洗干净，减少腥味，水产品、肉类需去骨、刺。应将食材切得小一点、细一点，让其既适合宝宝口形的大小，又可以成为宝宝的"手指食品"，让宝宝能拿着吃。

食物烹调有讲究

烹饪方式宜为炒、煮、蒸、焖、煨等，尽量不用或少用油煎、油炸、烧烤等方法。蔬菜一般用急火快炒；肉类可先用蛋清、淀粉上浆后炒，也可炖汤；鱼类以清蒸或炖汤为佳。在调味时讲究清淡、少刺激、低盐、少糖、不用鸡精，一些调味品会妨碍宝宝体验食品本身的味道，同时注意，不要以成人的口味为准来看待宝宝的口味。

父母可能遇到的问题

断奶后如何科学安排宝宝的饮食

主食以谷类为主

米粥、软面条、麦片粥、软米饭或玉米粥中的任何一种应每日食用2~4小碗（100~200克）。此外，还应该适当添加一些点心。

补充蛋白质和钙

断奶让宝宝少了一种优质蛋白质的来源，而这种蛋白质又是宝宝生长发育所必不可少的。牛奶是断奶后宝宝理想的蛋白质和钙的来源之一，所以，断奶后除了给宝宝吃鱼、肉、蛋外，每天还应给宝宝喝牛奶，并吃高蛋白的食物25~30克。可选以下任意一种：鱼肉小半碗、小肉丸子2~10个、鸡蛋1个、炖豆腐小半碗。

吃足量的水果

把水果制作成果汁、果泥或果酱，也可切成小块。每天应给宝宝吃半个到1个普通水果，或草莓2~10个，瓜1~3块，香蕉1~3根，每天水果的摄入量应为50~100克。

吃足量的蔬菜

把蔬菜制作成菜泥，或切成小块煮烂，每天大约半碗（50~100克），与主食一起吃。

增加进餐次数

宝宝的胃很小，可对热量和营养的需求量却相对较大，一餐不能吃得太多，最好的方法是每天进餐5~6次。

品种要丰富

食物种类要多样，以便宝宝得到丰富均衡的营养。

注重食物的色、香、味，增强宝宝进食的兴趣。

可适当加些盐、醋、酱油调味，但不要加味精（鸡精）、人工色素、辣椒、八角等调味品。

维生素是人体必需的营养素之一，供给不足或过量，都会引发疾病。

宝宝应从出生第三周起就补充维生素D制剂，以促进钙的吸收。

为什么要教宝宝细嚼慢咽

有的宝宝饿了或者急着玩，吃起饭来狼吞虎咽，把未经充分咀嚼磨碎的食物吞入胃内，这对身体十分有害。应及时纠正宝宝狼吞虎咽的进食习惯，让宝宝学会细嚼慢咽，这对健康大有裨益。

促进颌骨发育

咀嚼能刺激面部颌骨的发育，增加颌骨的宽度，增强咀嚼功能。如颌骨生长发育不好，可引发颌面畸形、牙齿排列不齐、咬合错位等。

有助于预防牙齿疾病

咀嚼会让食物和牙齿、牙龈的摩擦增强，可达到清洁牙齿和按摩牙龈的目的，加速牙齿、牙周组织的新陈代谢，提高抗病能力，减少牙病的发生。

有助于食物的消化

咀嚼时牙齿把食物嚼碎，唾液充分地将食物湿润并混合成食团，便于吞咽。同时，唾液中含有淀粉酶，能将食物中的淀粉分解为麦芽糖。所以，人们吃馒头时，咀嚼的时间越长，越觉得馒头甜。食物在嘴里咀嚼时人体会条件反射，使胃液分泌增加，有助于消化。

有利于营养物质的吸收

实验证明，细细咀嚼的人比不爱咀嚼的人能多吸收蛋白质13%、脂肪12%、纤维素43%，所以，细嚼慢咽对营养素的吸收大有好处。

为什么要给宝宝多吃水果和蔬菜

果蔬可以为宝宝提供丰富的维生素、矿物质及纤维素，是宝宝正常发育不可或缺的。不吃果蔬或吃果蔬比较少的宝宝，可能出现下列生理变化或营养问题：

便秘

宝宝少吃或不吃果蔬所引发的最常见问题就是便秘。因为纤维素摄取不足，食物消化吸收后剩余的实体变少，对肠道蠕动的刺激减少，而肠道蠕动变慢就容易产生便秘。粪便在肠道中停留的时间过久，还会产生有害的毒性物质，破坏宝宝肠道内有益菌类的生长环境。

肠道环境改变

纤维素可以促进肠道中有益菌类的生长，抑制有害菌类的增生。吃水果比较少的宝宝，肠道的环境可能不佳，影响肠道健康。

热量摄取过多

饮食中缺乏纤维素，易造成热量摄取过多，导致肥胖，宝宝成年后易患多种慢性疾病。

婴儿时期的生长速度是人的一生中最快的时期，因此更加需要全面、均衡的营养支持。

维生素 C 摄取不足

维生素 C 与胶原和结缔组织形成有关，它可使细胞紧密结合。缺乏维生素 C 可能影响宝宝牙齿、牙龈的健康，导致皮下易出血及感染。

维生素 A 摄取不足

缺乏维生素 A 时，宝宝可能出现夜盲症、毛囊性皮肤炎、身体感染等，甚至影响心智发展。黄、橘色蔬果富含可以在体内转化为维生素 A 的 β- 胡萝卜素。

免疫力下降

蔬果富含抗氧化物的成分（如维生素 C、β- 胡萝卜素），若摄取不足会影响细胞组织的健全发展，使免疫力下降，宝宝易受感染，引起生病。

如何使宝宝的食物多样化

10 个月大的宝宝，其食物无论是种类还是制作方法都要尽可能多样化。

谷类

宝宝初期的辅食，如粥、米糊、汤面等都属于谷类食物，这类食物容易为宝宝接受和消化，也是碳水化合物的主要来源。宝宝长到 7~8 个月时，牙齿开始萌出，这时应在添加粥、米糊、汤面的基础上，给宝宝一些可帮助磨牙、促进牙齿生长的饼干、烤馒头片、烤面包片等。

动物性食品及豆类

动物性食物主要指鸡蛋、肉、鱼、奶等，豆类指豆腐和豆制品，这些食物含蛋白质丰富，也是宝宝生长发育过程中所必需的。动物的肝和血除了提供蛋白质外，还提供足量的铁，可以预防缺铁性贫血。

蔬菜和水果

蔬菜和水果富含宝宝生长发育所需的维生素和矿物质，如胡萝卜中含有较丰富的维生素 D、维生素 C，菠菜富含钙、铁、维生素 C，一般绿叶蔬菜含较多的 B 族维生素，橘子、苹果、西瓜富含维生素 C。1 岁以内的宝宝可从鲜果汁、蔬菜汁、青菜泥、苹果泥、香蕉泥、胡萝卜泥、红心白薯泥、碎菜中摄入其所需营养素。

油脂和糖

宝宝胃容量小，所吃的食物量少，热能会不足，所以应适当摄入油脂、糖等体积小、热能高的食物，但要注意不宜过量，油脂应是食用油而不是动物油。

巧妙烹调

烹调宝宝食物时，应注意各种食物颜色的调配；味道不能太咸，不要加味精（鸡精）；食物可做成有趣的形状。另外，食物要细、软、碎、烂。

如果宝宝摄入过多脂肪成为肥胖儿童，日后患高血压、高血脂、糖尿病的风险会大大增加。

多吃粗纤维食物对宝宝有何益处

粗纤维广泛存在于各种粗粮、蔬菜及豆类食物中。一般来讲，含粗纤维的粮食有玉米、豆类等；含粗纤维量较多的蔬菜有油菜、韭菜、芹菜、荠菜等。另外，花生、核桃、桃子、柿子、枣、橄榄中也含有较丰富的粗纤维。粗纤维与其他人体所必需的营养素一样，是宝宝生长发育所必需的。

有助于宝宝牙齿发育

吃粗纤维食物必然要反复咀嚼才能吞咽，咀嚼的过程既能锻炼咀嚼肌，也有利于牙齿的发育。此外，经常有规律地让宝宝咀嚼硬度适当、有弹性和纤维素含量高的食物，还可减少蛋糕、饼干、奶糖等细腻食品对牙齿及牙周的黏着，从而预防龋齿。

可预防便秘

粗纤维能促进肠蠕动，增进胃肠道的消化功能，从而增加粪便量，预防宝宝便秘。与此同时，粗纤维还可以改善肠道菌群，稀释粪便中的致癌物质，并减少致癌物质与肠黏膜的接触，有预防大肠癌的作用。

如何为宝宝留住食物中的营养

宝宝胃容量小，进食量少，但所需要的营养素相对却比成人要多，因此，应讲究烹调方法，最大限度地保存食物中的营养素，减少不必要的营养损失是很重要的。爸爸妈妈应注意下列几点：

蔬菜要新鲜，先洗后切；水果吃时再削皮，以防水溶性维生素溶解在水中，并防止维生素在空气中氧化。

和捞米饭相比，用容器蒸或焖米饭维生素 B_1 和维生素 B_2 的保存率要高。

蔬菜最好旺火急炒或慢火煮，这样维生素 C 的损失少。

合理使用调料，如适当用醋，可起到保护蔬菜中 B 族维生素和维生素 C 的作用。

在做鱼和炖排骨时，加入适量醋，可使骨中的钙质溶解在汤中，有利于人体吸收。

少吃油炸食物，因为高温对维生素有破坏作用。

用白菜作馅蒸包子或饺子时，将白菜中压出来的水，加些白水煮开，放入少许盐及香油喝下，可防止维生素及矿物质白白丢掉。

宝宝自己吃饭，可以锻炼手臂肌肉的协调和平衡能力。

如何训练宝宝自己用餐具吃饭

宝宝六七个月时就已经开始吃"手抓饭"了，到了 10 个月时，宝宝手指比以前更灵活，大拇指和其他 4 个手指能对捏了，基本可以自己抓握东西、取东西。这时应该开始让宝宝自己动手用简单的餐具进餐。其实，训练宝宝自己吃饭，并不像想象中那样困难，只要妈妈多点耐心，多点包容心，很容易办到。

汤匙、叉子

宝宝 10 个月时，妈妈可以让宝宝试着使用婴幼儿专用的小汤匙来吃辅食。由于宝宝的手指灵活度尚不很好，所以，一开始多半会采取握姿，妈妈可以从旁协助。如果宝宝不小心将汤匙摔在地上，妈妈也要耐心引导，且不可以严厉地指责宝宝，以免宝宝排斥学习。宝宝长到 1 岁左右，通常就可以灵活运用汤匙了。

碗

宝宝长到 10 个月左右时，就可以为他准备底部宽广、重量较轻的碗让他试着使用。不过，由于宝宝的力气较小，所以装在碗里的东西最好不要超过碗的 1/3，以免过重或容易溢出。为了避免宝宝烫伤，装的食物也不宜太热。拿碗时，只要让宝宝用双手握住碗两旁的把手就可以了。此外，宝宝可能不懂一口一口地喝东西，妈妈可以从旁协助，调整一次喝的量。

杯子

宝宝 1 岁左右时，妈妈就可以用学习杯来教宝宝使用杯子了。一开始应让宝宝两手扶在杯子 1/3 的位置，再小心端起，以免内容物洒出来。宝宝长到 3 岁左右时，就可以自己端碗而不洒出来了。

如果宝宝不小心把食物洒出，妈妈也别生气，因为，宝宝自然会从失败中吸取教训，并改进自己的动作，直到不会洒出来为止。

一日食谱范例

08：00　牛奶或配方奶 100 毫升，布丁 50 克，皮蛋瘦肉粥适量

10：00　酸奶 100 毫升，面包 50 克，火龙果 100 克

12：00　什锦甜粥 100 毫升，肉末炒豌豆 100 克

15：00　苹果 100 克，面包 50 克

18：00　玉米薄饼 150 克，紫菜蛋花汤 1 小碗

21：00　牛奶或配方奶 200 毫升

营养辅食方案

玉米薄饼 富含多种维生素

准备时间	制作时间	烹饪方式	制作难度
10分钟	30分钟	炸煎	★★☆

原料

新鲜玉米 3 个
葱、盐、食用油各少许

做法

1. 将玉米粒用刀削下，稍加水，用搅拌机打成糊状，备用。
2. 将葱切成末放入玉米糊中，稍放点儿盐，搅拌均匀。
3. 饼铛内放少许油，油热后把玉米糊舀到饼铛里，摊成薄饼，用小火把两面烙成金黄色即可。

儿童营养管理师解读

用鲜玉米做成的饼，色泽诱人，清香扑鼻，口感好。玉米薄饼中含有多种维生素，有很高的抗氧化剂活性，是宝宝早餐的不错选择。此薄饼可搭配蔬菜糊、蛋奶糊吃。

✚ 儿科主任医师叮咛

玉米胚芽所含的营养物质能增强人体的新陈代谢，有利于宝宝的生长发育。

火腿炒菠菜 促进消化

准备时间	制作时间	烹饪方式	制作难度
10 分钟	5 分钟	炒	★ ★ ☆

原料

火腿肉 50 克
菠菜 50 克
食用油、盐适量

做法

1. 将火腿肉切成小片；菠菜择洗干净、焯水、过凉，沥干水，切成段待用。
2. 将食用油放入锅内，热后投入菠菜段煸炒几下，再将火腿肉片放入和菠菜段一起炒，将熟时加入盐，急炒几下即成。

儿童营养管理师解读

火腿色泽鲜艳，美味可口，各种营养成分易被人体吸收，具有养胃生津的作用。菠菜中含有大量的植物粗纤维，具有促进肠道蠕动的作用，利于排便，且能促进胰腺分泌，帮助消化。

小油菜水饺 富含纤维素

准备时间	制作时间	烹饪方式	制作难度
60 分钟	30 分钟	煮	★★☆

原料

面粉 300 克、猪肉 300 克、小油菜 500 克
葱末、姜末、香油、酱油、盐各少许

做法

1. 将面粉用凉水和成面团，醒 1 个小时；猪肉洗净切碎，放入葱末、姜末、香油、酱油、盐搅拌成肉馅；小油菜择洗干净，切碎，放入肉馅盆里充分搅拌后待用。
2. 将面团揉一揉，搓成条，揪成若干个小剂子，再擀成薄皮，包入菜肉馅，将边捏紧，成月牙形或元宝形。
3. 锅里烧开水，把包好的饺子放进去煮熟捞出即可。

儿童营养管理师解读

小油菜中含有丰富的胡萝卜素，可以维持眼睛和皮肤健康。小油菜还富含钙元素，有补钙的功效。包饺子时最后再放盐，不易出水，营养也不易流失。

✚ 儿科主任医师叮咛

小油菜虽然含有多种营养物质，但是不易消化，小宝宝不宜多吃，也不宜在晚上食用。

皮蛋瘦肉粥 补充蛋白质、磷

准备时间	制作时间	烹饪方式	制作难度
60 分钟	30 分钟	煮	★★☆

原料

大米 50 克
皮蛋 1 个
猪肉末 30 克
姜末、盐各少许

做法

1. 大米淘洗干净，浸泡 1 小时左右；皮蛋剥皮、切丁；猪肉末中加姜末、盐搅拌均匀，腌制 20 分钟左右。
2. 锅里放水烧开，放入大米熬煮，至快熟时放入猪肉末和皮蛋丁，转小火煮 30 多分钟即可食用。

儿童营养管理师解读

该粥黏滑浓稠，鲜香有味。猪瘦肉中含有丰富的蛋白质，并含有较多的碳水化合物、钙、磷、铁等营养成分，可预防宝宝营养不良。

✚ 儿科主任医师叮咛

皮蛋里含铅，即使是无铅皮蛋，也还是让宝宝少吃为妙。宝宝经常大量食用皮蛋易出现骨骼和牙齿发育不良、食欲减退、胃肠炎等问题，严重者还会影响智力发育。

冬瓜丸子汤 促进食欲、缓解咳嗽

准备时间	制作时间	烹饪方式	制作难度
15 分钟	15 分钟	煮	★★☆

原料

冬瓜 200 克
瘦猪肉馅 100 克
鸡蛋清 1 个
香菜末、姜末、盐、水淀粉、高汤各适量

做法

1. 将冬瓜去皮、洗净，切厚片；瘦猪肉馅中加盐、姜末、淀粉、鸡蛋清，充分搅拌均匀，待用。
2. 锅里放高汤烧开，把调好的肉馅挤成丸子下入汤锅里。
3. 汤开丸子上浮后倒入冬瓜片，再加少许盐，盖上锅盖，至冬瓜煮熟后撒上香菜末，用水淀粉勾薄芡即可出锅。

儿童营养管理师解读

这款汤肉嫩瓜绵汤鲜，营养丰富，冬瓜含有较多的蛋白质、碳水化合物和多种维生素。

✚ 儿科主任医师叮咛

对于食欲不好、患有咳嗽的宝宝来说可以让其多吃些冬瓜，利于缓解症状。

莴笋拌银丝 促进牙齿生长

准备时间	制作时间	烹饪方式	制作难度
10 分钟	10 分钟	凉拌	★★☆

原料

莴笋 20 克
粉丝适量
食用油、葱丝、姜丝、醋、盐各少许

做法

1. 将粉丝用温水充分泡发；莴笋去皮、洗净，切细丝，用盐拌匀，放置 10 分钟，沥去水分，备用。
2. 锅中放食用油，油热后，放葱丝、姜丝，炒出香味后，倒在莴笋丝上面，再放醋，拌匀后即可食用。

儿童营养管理师解读

莴笋含有丰富的氟元素，可促进宝宝牙齿和骨骼的生长。

儿科主任医师叮咛

宝宝小便不是很通畅时，也可以用莴笋带叶煮水给宝宝喝，有一定功效。

凉拌豇豆 富含B族维生素、维生素C

准备时间	制作时间	烹饪方式	制作难度
10分钟	5分钟	凉拌	★ ☆ ☆

〳原料

豇豆100克
香油少许

〳做法

1. 将豇豆洗净，切成小段，锅内烧开水，放入豇豆烫熟，捞出晾凉。
2. 碗内放入香油，浇在熟豇豆段上即可。

〳儿童营养管理师解读

豇豆可以为宝宝提供优质蛋白质、适量的碳水化合物及多种维生素、微量元素等营养素。

✚儿科主任医师叮咛

豇豆中所含的B族维生素能促进宝宝消化腺的分泌和胃肠道的蠕动，抑制胆碱酶活性，可帮助消化，增进食欲。注意豇豆要焯水3分钟左右，以确保煮熟，食用不熟的豇豆易导致腹泻或食物中毒。

热土豆沙拉 富含多种维生素和微量元素

︶准备时间	︶制作时间	︶烹饪方式	︶制作难度
15分钟	10分钟	煮	★ ★ ☆

︶原料

中等大小的土豆 100 克

洋葱 150 克

鸡蛋 1 个

面粉适量

橄榄油、盐、白糖、醋各少许

︶做法

1. 将土豆洗净煮熟，去皮，切成小圆片放入盘中；鸡蛋搅散；洋葱切碎。
2. 锅里倒橄榄油，油热后加入洋葱，炒成金黄色，拌入面粉、盐和白糖，调匀后加入水，炖 2 分钟，同时持续搅拌。再加入鸡蛋液和醋，调成沙拉。
3. 将沙拉倒入盛土豆片的盘中即可。

︶儿童营养管理师解读

土豆是高蛋白、低脂肪的营养食品，能为宝宝提供多种维生素和微量元素。

✚ 儿科主任医师叮咛

此菜容易外凉内热，尤其宝宝自己食用的时候，要注意使其不被烫伤。调鸡蛋面粉的水应适量，以便调得细稠适当，太稠易噎到宝宝。

丝瓜蛋花汤 促进肠胃蠕动

准备时间	制作时间	烹饪方式	制作难度
10分钟	5分钟	煮	★★☆

原料

丝瓜 250 克
鸡蛋 2 个
鸡汤 400 毫升
食用油适量
盐少许

做法

1. 将丝瓜去皮,切成菱形小片;鸡蛋磕入碗内,搅匀待用;胡萝卜削皮,切成菱形小片。
2. 将食用油倒入锅内,烧热后下丝瓜片煸炒几下,加入鸡汤大火烧开后,将熟时慢慢地把鸡蛋液淋入,撒入盐即可出锅。

儿童营养管理师解读

这款汤味道鲜美,营养丰富。常吃丝瓜还可使宝宝的皮肤洁白细嫩。

儿科主任医师叮咛

丝瓜含有丰富的膳食纤维,可促进肠胃蠕动,有通便作用。

肉末炒豌豆 助消化、增强免疫力

准备时间	制作时间	烹饪方式	制作难度
10分钟	10分钟	炒	★★☆

原料

鲜嫩豌豆100克
猪肉50克
食用油、盐、葱、姜各适量

做法

1. 豌豆洗净，猪肉剁成肉末，葱、姜切末，待用。
2. 热锅放食用油，烧热后，放入葱末、姜末煸炒出香味，下入肉末煸炒，然后放入豌豆，放少许盐，用大火快速翻炒至熟即可。

儿童营养管理师解读

豌豆中含有优质蛋白质、胡萝卜素、纤维素、叶酸等。大火快炒可减少豌豆中叶酸及其他维生素的损失。

儿科主任医师叮咛

豌豆有助消化、增强免疫力的作用，但因难消化，建议适量食用，不宜多食。

苹果饼 富含粗纤维和大量微量元素

准备时间	制作时间	烹饪方式	制作难度
15 分钟	20 分钟	煎	★★☆

原料

苹果 150 克
鸡蛋 1 个
面粉 300 克
水适量

做法

1. 苹果洗净，用勺刮出苹果泥，或用搅拌机将苹果粒搅成泥，放入盆中；鸡蛋磕开，打成鸡蛋液。
2. 将鸡蛋液、适量水、面粉倒入盛苹果泥的盆中，搅拌均匀，调成为苹果糊。
3. 电饼铛刷油预热，用小勺舀起苹果糊，均匀地倒入电饼铛中，用勺背轻轻按一下，尽量摊匀，两面都煎至金黄色，出锅即可。

儿童营养管理师解读

　　苹果饼不仅好吃，而且营养丰富。苹果富含粗纤维，可促进肠胃蠕动，又含有大量的镁、铁等微量元素，可使宝宝的皮肤细腻、润滑、红润而有光泽。

✚儿科主任医师叮咛

　　宝宝食用时要小心烫伤，且煎炸食物不宜多吃。

鸡蛋软饼 富含维生素 C、铁

准备时间	制作时间	烹饪方式	制作难度
10 分钟	5 分钟	煎	★ ★ ☆

原料

鸡蛋 1 个
面粉 50 克
食用油、白糖、盐各适量

做法

1. 将鸡蛋打散备用。
2. 在面粉中加入鸡蛋液，放入适量白糖、盐和水，调匀成稀糊状。
3. 平底锅内擦少许食用油烧熟，将调好的鸡蛋面粉糊放入锅内，摊成软饼，两面煎黄后出锅即可。

儿童营养管理师解读

此饼富含蛋白质、碳水化合物、钙等营养素。面糊不要和得太稠，不然摊饼时会比较困难。

儿科主任医师叮咛

此饼味香质软，易于消化。用油要少一点，宝宝患胃肠功能病症期间应尽量少食。

洋葱番茄炒木耳 含铁量极为丰富

准备时间	制作时间	烹饪方式	制作难度
15分钟	10分钟	炒	★★☆

原料

洋葱 70 克
水发木耳 100 克
番茄 150 克
食用油适量
葱丝、盐、水淀粉、香油各少许

做法

1. 将洋葱洗净，切块；水发木耳择洗干净，撕朵；番茄洗净，用热水烫一下，最后剥去皮，切块备用。
2. 起油锅，爆香葱丝，放入洋葱块、木耳朵、番茄块煸炒一下，再放入盐翻炒，将熟时用水淀粉勾芡，滴几滴香油即可装盘。

儿童营养管理师解读

这道菜嫩滑脆爽，鲜香味美，有生津止渴、健胃消食的功效。

✚ 儿科主任医师叮咛

洋葱可预防感冒，能增加骨密度；木耳含铁量极为丰富，可预防缺铁性贫血。

什锦甜粥 富含碳水化合物、维生素

准备时间	制作时间	烹饪方式	制作难度
10分钟	60分钟	煮	★★☆

原料

小米、大米、花生米、绿豆各50克
大枣、核桃仁、葡萄干各20克
白糖少许

做法

1. 将小米、大米、花生米、绿豆、核桃仁、葡萄干分别淘洗干净，把大枣洗净后去核。
2. 将绿豆放入锅内，加适量水，至七成熟时，再向锅内加水，下入小米、大米、花生米、核桃仁、葡萄干、大枣肉，大火烧开后转成微火煮至烂熟，吃时加少许白糖调味。

儿童营养管理师解读

此粥营养丰富、香甜爽口。绿豆可消暑；小米中含有丰富的B族维生素，可预防消化不良及口角生疮；核桃仁有补脑益智等功效；大枣富含多种维生素及磷、钾、镁等矿物质，可提高宝宝身体免疫力。熬煮的时候要不时地搅动，防止煳底。

儿科主任医师叮咛

此粥中有各种干果、坚果，如宝宝对某种坚果过敏，可自行调换品类。

什锦猪肉菜末 富含维生素、蛋白质

准备时间	制作时间	烹饪方式	制作难度
15 分钟	20 分钟	煮	★★☆

原料

猪肉 10 克

胡萝卜、番茄、彩椒、洋葱各 7 克

盐、肉汤各适量

做法

1. 将猪肉、胡萝卜、番茄、彩椒、洋葱分别切成碎末。
2. 将切好的猪肉末、胡萝卜末、彩椒末、洋葱末一起放入锅中加肉汤煮软，然后再放番茄末略煮，出锅时放少许盐调味即可，晾凉后再喂食。

儿童营养管理师解读

胡萝卜、番茄、彩椒、洋葱等含有丰富的维生素，猪肉中含有人体必需的蛋白质和碳水化合物。做彩椒时需要把里面的辣筋剔除。

✚儿科主任医师叮咛

这道菜非常适合脾胃不和、食欲不振的宝宝，可高效地为宝宝补充营养。

奶香冬瓜 富含蛋白质、碳水化合物

准备时间	制作时间	烹饪方式	制作难度
15 分钟	10 分钟	炒	★★☆

原料

冬瓜 150 克
配方奶 100 毫升
鲜虾适量
盐、水淀粉各少许

做法

1. 冬瓜削皮，洗净切片；鲜虾用水洗一下，处理好后备用。
2. 将汤锅置于火上，放入配方奶、冬瓜、鲜虾肉、盐，熬煮至冬瓜烂熟，用水淀粉勾芡，即可出锅。

儿童营养管理师解读

此菜乳白黏稠，绵滑润泽，鲜香浓郁，可补充蛋白质、碳水化合物等多种营养成分。

✚儿科主任医师叮咛

宝宝的早中晚三餐时间应该和大人一样，每餐吃 20～30 分钟，时间一过就不要再给宝宝吃。如果开饭时宝宝不肯吃，也不要太勉强，到了下一餐再喂食。

翡翠虾仁 补充各种维生素、矿物质

准备时间	制作时间	烹饪方式	制作难度
20分钟	10分钟	炒	★★☆

原料

虾仁50克
食用油适量
水淀粉、葱丝、盐各少许

做法

1. 虾仁洗净、泡软后捞出。
2. 锅里放食用油，油热后把葱丝爆香，放入虾仁煸炒，放入盐，用水淀粉勾芡装盘。

儿童营养管理师解读

这道菜脆嫩清爽，鲜香有味，含有丰富的优质蛋白和各种维生素、矿物质，对宝宝的生长发育很有好处。

儿科主任医师叮咛

容易引起过敏的食物最常见的是异性蛋白食物，如螃蟹、大虾，尤其是冷冻的袋装加工虾、鳝鱼及各种鱼类、动物内脏。在给宝宝食用这些食物时应该多加注意。患湿疹、荨麻疹和哮喘的宝宝一般都是过敏体质，在给这些宝宝安排饮食时要更为慎重，避免摄入致敏食物。

肉末炒双西 富含磷、铁

准备时间	制作时间	烹饪方式	制作难度
15分钟	10分钟	炒	★★☆

原料

西蓝花 150 克

番茄（又称西红柿）100 克

洋葱 70 克

猪肉末 50 克

食用油适量

蒜片、盐各少许

做法

1. 将西蓝花掰成小朵洗净，放入沸水里汆烫片刻，沥干水分，晾凉；番茄洗净后，用开水烫一下，去皮切块；洋葱洗净，切丝。

2. 炒锅置火上，倒入食用油，油热后放入猪肉末炒至变色，放蒜片、盐、番茄块、洋葱丝煸炒片刻，然后再放西蓝花朵，炒匀即可出锅。

儿童营养管理师解读

西蓝花营养丰富，含有蛋白质、脂肪、磷、铁、胡萝卜素和多种维生素，尤其维生素 C 含量丰富。整道菜质地细嫩，味甘鲜美，容易消化，有益于宝宝的生长发育。

✚ 儿科主任医师叮咛

2 岁宝宝的体重约为成人的 1/5，但吃的菜量却要达到成人的 2/3 才行。除了要注意以菜为主食，宝宝还需要吃肉、鱼、蛋、牛奶，以便从中摄取大量的动物蛋白。

碎菜牛肉 促进生长发育

准备时间	制作时间	烹饪方式	制作难度
10分钟	30分钟	煮	★★☆

原料

牛肉 150 克
胡萝卜、洋葱、番茄各 50 克
黄油少许

做法

1. 将牛肉切碎，加水煮后备用；胡萝卜切碎、煮软；洋葱、番茄均洗净切碎备用。
2. 将黄油放入锅内，热后放入洋葱搅拌均匀，再将胡萝卜碎、番茄碎、牛肉碎放入黄油锅内，然后用微火煮烂即可。

儿童营养管理师解读

此菜营养丰富，富含优质蛋白质、维生素 C、胡萝卜素、维生素 B_1、维生素 B_2 和钙、磷、铁、硒等多种营养素，有利于宝宝健康成长。牛肉和其他配菜要煮烂，为防止煮煳，要用微火。

儿科主任医师叮咛

2 岁左右的宝宝咀嚼能力增强了，食物就不必切得太碎、太小。肉可以切成薄片、小丁、细丝等；鱼去骨、刺后切成片或小块就行；豆类应该煮软；蔬菜可以切成小丁、小片、细丝。

鸡肉沙拉 富含维生素 K

准备时间	制作时间	烹饪方式	制作难度
10 分钟	20 分钟	凉拌	★★☆

原料

鸡胸肉 50 克
西蓝花 30 克
鸡蛋 1 个
沙拉酱、奶酪粉各适量

做法

1. 将鸡胸肉煮熟，切成片；鸡蛋煮熟，剥去外壳，切成橘子瓣形；西蓝花洗净，切小朵，煮熟。
2. 把沙拉酱和奶酪粉混合在一起，搅拌均匀。
3. 把鸡肉片、西蓝花朵、鸡蛋瓣相间摆放在平盘中，将调好的酱浇上，拌匀后即可。

儿童营养管理师解读

这道菜含有丰富的蛋白质、维生素 C、维生素 K，色泽鲜亮，酸甜适口，营养丰富，可增进宝宝食欲。

✚ 儿科主任医师叮咛

宝宝就要 2 岁了，对营养的需求和之前比大了很多。随着宝宝胃容量的增加和消化能力的完善，应在逐渐减少用餐次数的同时，增加每餐的分量。还要注意多让宝宝接触粗纤维食品，这有助于促进宝宝肠道的蠕动。

红煨鸡块 富含维生素 B$_1$、B$_2$

准备时间	制作时间	烹饪方式	制作难度
15 分钟	25 分钟	煮	★★☆

原料

净肉鸡 500 克

水发玉兰片 200 克

食用油、香油、酱油、白糖、葱、姜、蒜各适量

做法

1. 将净肉鸡洗净，剁成 3 厘米见方的块，焯水去除血水，沥干水分，备用；葱切段，姜、蒜切成片。
2. 锅内放入食用油，热后放入葱段、姜片、蒜片和鸡块煸炒，放入酱油、白糖、水、水发玉兰片，开后转小火煨（中间翻动 1～2 次），约煨 30 分钟，再转大火烧一会儿，淋上香油即成。

儿童营养管理师解读

红煨鸡块色金红，味咸香略带甜味。鸡肉肉质细嫩，滋味鲜美，蛋白质的含量颇多，脂肪含量较低，可给宝宝提供充足的蛋白质及维生素。

儿科主任医师叮咛

这个年龄的宝宝经常会出现挑食、吃饭时多时少、边吃边玩等问题。高兴了就使劲吃，不高兴了几乎一口也不吃。所以，每餐的食物搭配要得当，要有干有稀，有荤有素，坚持多样、平衡、适量的原则。

番茄荷包蛋 补充铁、蛋白质

准备时间	制作时间	烹饪方式	制作难度
5分钟	10分钟	煮	★☆☆

原料

番茄 25 克
菠菜 10 克
鸡蛋 1 个
食用油、水各适量

做法

1. 番茄洗净去皮，切成小片；菠菜择洗干净，切成 2 厘米长的段。
2. 锅置火上，加适量水烧开，磕入鸡蛋，煮熟即成荷包蛋。
3. 另取一净锅，放入少许食用油，烧热，下入番茄片，煸炒一会儿，将煮熟的荷包蛋及水一起倒入，加入菠菜段，开锅后，盛入大碗内即成。

儿童营养管理师解读

这道菜颜色鲜艳，味道鲜美，营养丰富，含有幼儿生长所必需的优质蛋白质、铁等多种营养素。但蛋黄不宜多食，以每天一个为宜。

✚ 儿科主任医师叮咛

宝宝吃蛋黄时容易噎到，每次喂食的量不宜过多，用汤汁送下可以方便宝宝吞咽。宝宝自己吃鸡蛋时，大人一定要看护好，注意安全。

嫩蒸丸子 增强宝宝抵抗力

准备时间	制作时间	烹饪方式	制作难度
15分钟	25分钟	蒸	★★☆

原料
瘦肉馅 60 克
青豆仁 10 颗
水淀粉、酱油少许

做法
1. 青豆仁洗净，煮烂备用。
2. 将瘦肉馅中加入煮烂的青豆仁及淀粉，搅拌均匀，搅打至有弹性，再分搓成小枣大小的丸状。
2. 把搓好的肉丸用中火蒸 1 小时至肉软，盛出前用水、淀粉、酱油调成的芡汁勾芡即成。

儿童营养管理师解读

丸子香嫩，醇香可口。夏季食用可增强宝宝抵抗力。瘦猪肉中不仅维生素 B_1 含量相当高，同时也富含维生素 B_2、维生素 B_{12}。青豆中富含多种抗氧化成分。

✚ 儿科主任医师叮咛

有些宝宝对青豆也会过敏，一旦发现宝宝对某些食物有过敏反应，应立即停止食用。一般建议每半年试着添加致敏食物 1 次，量由少到多，看看症状是否减轻或消失。如对此道菜过敏可先将食谱中的青豆剔除。

茭白炝木耳 富含碳水化合物

准备时间	制作时间	烹饪方式	制作难度
10分钟	15分钟	炒	★★☆

原料

茭白2根
水发木耳50克
青、红彩椒各半个
鸡汤、食用油各适量
蒜片、葱丝、盐、淀粉各少许

做法

1. 茭白去皮，切薄片；水发木耳洗净，撕成朵；青、红彩椒切成片；将盐、鸡汤和淀粉兑成咸鲜芡汁。

2. 锅内放食用油烧热，放入蒜片、葱丝爆香，加入茭白片煸炒，然后再放木耳朵，炒至断生，放入青、红彩椒片，倒入咸鲜芡汁，待收汁后装盘即可。

儿童营养管理师解读

这道菜菜色鲜亮，滑嫩爽口，营养丰富，富含碳水化合物、蛋白质、脂肪等，能为宝宝补充所需的营养物质。要选嫩茭白，切得要均匀，用大火急炒。

儿科主任医师叮咛

茭白质地鲜嫩，微甜，有利尿、止渴、清热的功效。

香肠豌豆粥 增进食欲

准备时间	制作时间	烹饪方式	制作难度
10分钟	20分钟	煮	★★☆

原料

豌豆 50 克

大米 70 克

香肠 50 克

盐少许

做法

1. 将豌豆洗净；香肠切小粒。
2. 锅里放水，将香肠粒、豌豆、大米同时放入锅内，熬煮至粥黏软，放少量盐调味。

儿童营养管理师解读

香肠可开胃助食，增进食欲。豌豆中含有人体所需的各种营养物质，尤其是含有优质蛋白质，可以提高宝宝机体的免疫力。一定要将全部食材切碎、煮软，但不宜做得太咸，稍微有一点儿咸味即可。

儿科主任医师叮咛

像香肠等外加工食品一定要从正规卫生检疫合格的渠道购买，以保证食品的安全性。另外，熟食不可避免要加入增味剂、添加剂，宝宝应尽量少食。

葱爆羊肉片 富含维生素 B_1、B_2

准备时间	制作时间	烹饪方式	制作难度
15分钟	10分钟	爆炒	★★☆

原料

羊肉（最好是羊脊肉）250克
葱 1 根
食用油、酱油、盐、淀粉各适量

做法

1. 将羊肉切成薄片，葱切成滚刀块。
2. 将羊肉片用淀粉抓匀。
3. 锅内放油，油开后将羊肉片倒入急炒，再加酱油、盐，下葱块大火急炒一会儿即可盛盘。

儿童营养管理师解读

羊肉肉质细嫩，容易消化，高蛋白质、磷脂含量多，比猪肉和牛肉的脂肪含量都要少，是宝宝补充铁和锌的好食物。制作此菜要将肉片炒得嫩一些，葱要炒得无辣味。

儿科主任医师叮咛

羊肉适合冬季进补。羊肉易化火，所以食用要适量。

鸡汤蔬菜小馄饨 富含维生素、矿物质

准备时间	制作时间	烹饪方式	制作难度
15 分钟	25 分钟	煮	★★☆

原料

鸡胸肉 50 克

时令蔬菜 50 克

馄饨皮 10 个

鸡汤 350 毫升

葱末、姜末、香油、酱油、盐、香菜末各适量

做法

1. 鸡胸肉洗净剁碎，时令蔬菜洗净剁碎后挤出水分。
2. 把鸡肉碎、蔬菜碎、葱末、姜末、香油、酱油、盐搅拌均匀，调成馅料，用馄饨皮包成 10 个小馄饨。
3. 鸡汤倒入锅中烧开，下入小馄饨，煮熟后撒香菜末即可。

儿童营养管理师解读

蔬菜中富含维生素和矿物质等微量元素。可用小白菜、油菜、西芹、西葫芦等制作此菜，剁碎后一定要把水分挤一挤，否则流汤不好包。如果鸡汤一次用不完，可以过滤后将清汤分装在几个小盒子里冷冻储存，下次做的时候再拿出来直接加热即可。

✚ 儿科主任医师叮咛

蔬菜中含有大量粗纤维，宝宝经常吃蔬菜可预防便秘，有助于增强机体免疫能力。

鳕鱼面 富含蛋白质、DHA

准备时间	制作时间	烹饪方式	制作难度
5 分钟	30 分钟	煮	★ ★ ☆

原料

鳕鱼 50 克
西红柿 30 克
婴儿面条 100 克
食用油适量

做法

1. 把婴儿面条掰成短一点的段。
2. 将鳕鱼连皮和切成小块的西红柿一起放入锅中煮 10 分钟,然后取出鳕鱼,去皮、刺;锅内放少许食用油,放入鱼肉,西红柿块稍煎一下,用铲子压碎。
3. 把婴儿面条放入西红柿鱼汤中煮 10 分钟至熟即可。

儿童营养管理师解读

鳕鱼属于深海鱼,营养价值高,尤其富含蛋白质和对大脑发育有益的 DHA。每周给宝宝食用 2~3 次鱼对宝宝的健康成长非常有益。

儿科主任医师叮咛

鱼类也是易致敏的食物,第一次食用海产品量不要多,要观察宝宝有没有过敏反应。鱼刺应剔除干净,万一宝宝被鱼刺卡住,千万不要用食醋等偏方自行处理,应立即送往医院,由医生处理。

虾皮紫菜汤 补钙补锌

准备时间	制作时间	烹饪方式	制作难度
5分钟	10分钟	煮	★ ☆ ☆

原料

虾皮 5 克
紫菜 2 克
香菜 5 克
鸡蛋 1 个
水、香油各适量

做法

1. 把虾皮洗净；将紫菜撕成小片；把香菜择洗干净切小段；将鸡蛋打散。
2. 锅中放油，油热后下入虾皮略炒，加适量水，烧开后淋入鸡蛋液。
3. 随即放入紫菜片、香菜段，并加香油调味。

儿童营养管理师解读

这是一道制作非常简单，但是钙锌同补的汤品。宝宝胃口不好、不爱吃饭的时候，做一碗虾皮紫菜汤给宝宝喝，有助于开胃。

✚ 儿科主任医师叮咛

虾皮的含盐量较高，建议烹饪之前用清水泡一会儿，洗净后再放入锅里。宝宝的肾脏功能还未发育完全，摄盐过多会加重肾脏负担，同时增加心脏负担，影响生长发育。

山药排骨汤 补钙、健脾胃

⎷准备时间	⎷制作时间	⎷烹饪方式	⎷制作难度
10 分钟	90 分钟	煮	★ ★ ☆

⎷原料

山药 100 克
排骨 100 克
枸杞 6 粒

⎷做法

1. 将山药、排骨切成小块。
2. 将排骨块放在开水中焯 5 分钟，捞出洗净。
3. 将排骨块放入盛有适量清水的锅中，用小火炖 1 个小时，放入盐、枸杞后，再放入山药块炖 20 分钟，取出即可。

⎷儿童营养管理师解读

山药中含有淀粉酶、多酚氧化酶等物质，可健脾胃。排骨除含蛋白、脂肪、维生素外，还含有大量磷酸钙、骨胶原等，可为宝宝提供钙质。

➕儿科主任医师叮咛

此汤虽然营养丰富，但也不宜多吃，因为宝宝的消化能力还没有那么健全，而且汤不能太油，否则易导致宝宝腹泻。

三豆粥 富含植物蛋白

准备时间	制作时间	烹饪方式	制作难度
10分钟	90分钟	煮	★★☆

原料

绿豆、黑豆和赤豆各30克
大米20克

做法

1. 将绿豆、黑豆、赤豆和大米洗净。
2. 将上述食材加水放入锅中同煮，大火烧开，转小火慢煮至所有食材烂熟即可。

儿童营养管理师解读

豆类中蛋白质含量高、质量好，其氨基酸的组成接近于人体的需要，是难得的高钾、高镁、低钠食材。

儿科主任医师叮咛

不建议过早给宝宝食用豆粥，可在辅食添加期再食用，同时要注意豆类的量，不宜过多，而且一定要煮透、煮烂，以免宝宝消化不良。

乳香白菜 清热解暑

准备时间	制作时间	烹饪方式	制作难度
10分钟	15分钟	炒	★★☆

原料

嫩白菜 200 克
鲜牛奶 80 毫升
盐、水淀粉、食用油各适量

做法

1. 将嫩白菜洗净、沥干,竖切成筷子粗、4厘米长的条,备用。
2. 锅置旺火上,舀入食用油烧至八成热,放入白菜条翻炒,加入盐,烧至酥烂时,放入鲜牛奶搅匀,用水淀粉勾薄芡,再淋上明油,即可装盘。

儿童营养管理师解读

这道菜洁白如玉,乳香浓郁,绵滑嫩软,营养丰富,可清内热、利肠胃,减少积食,是宝宝很好的夏季消暑食品。

✚ 儿科主任医师叮咛

嫩白菜中含有粗纤维,如宝宝有腹泻,暂时不要给宝宝食用。

第四章

喂养及营养相关疾病

　　正确的喂养方式和充分的营养可以为宝宝一生的健康打下基础，否则，不但会影响宝宝的生长发育，而且对宝宝的智力甚至性格等也有不容小视的负面影响，容易导致宝宝精神萎靡、骨骼肌退化、机体免疫力低，成为传染病的易感者等。

喂养相关疾病

母乳性腹泻

母乳喂养的宝宝排便量不稳定，排便次数比较多，一般为每日 2～5 次，多则 10 余次，大便呈黄色稀糊状，有时会带有一些小颗粒。一些父母误认为这是奶瓣没有消化所致，其实这些小颗粒是由于母乳吸入过多，其成分凝固所致；泡泡状大便也是一种很常见的母乳性排便；还有一些宝宝几乎每次食用母乳后都要排便，但便量少且稀。

母乳引起的腹泻应视为正常现象，可能与吸入母乳量较多或妈妈食用大量蛋白质和脂肪有关。这时，妈妈需要调整饮食，减少脂肪类食物的摄入，多吃清淡食物。同时定时给宝宝喂奶，控制喂奶次数。只要宝宝胃肠功能好，体重增长正常，就不必担心母乳性腹泻，出生 2～3 个月后这种情况会逐渐减少。

生理性腹泻

多见于 6 个月以内偏胖的宝宝，这类宝宝往往出生不久就开始腹泻，大便次数多、呈稀糊状、夹杂一些泡沫或颗粒，无其他症状，食欲好，生长发育不受影响。一部分宝宝伴有湿疹，添加辅食后大便逐渐转为正常。

也有专家认为，这与宝宝乳糖不耐受有关。建议食用乳糖不耐受奶粉。

妈妈要树立用母乳育儿的信念，保证充足的睡眠，保持愉快的心情，摄取足够的营养和水分。

喂养不当性腹泻（消化不良）

喂养不当也可引起腹泻，多见于人工喂养儿。原因主要为喂养不定时，喂奶量过多，过早添加米粉、果汁、肉汤等辅食，或给宝宝吃对肠道有刺激性的食物，如富含纤维素的食物、食物调料等。

喂养不当性腹泻只需停用添加不当的食物和减少喂奶量即可缓解，大多数宝宝都能恢复正常。但也有一部分宝宝好转得比较慢，可能与胃肠道功能紊乱有关。

秋季腹泻

秋冬季节，腹泻是婴幼儿最常见的病症，以粪口传染和呼吸道传染为主，局部地区有流行趋势。

症状

病初有发烧和呼吸道感染表现，大便次数多、量多、水分多，呈蛋花汤样，无脓血和酸臭味。如果不给予及时治疗，可引起脱水。自然病程3~8天，少数宝宝的病程较长，可达1~2周。

治疗与护理

治疗以止泻、助消化、补液等为主。

感染轮状病毒后1~3天即有大量病毒从大便中排出，最长可达6天。所以，这几天一定要将患病的宝宝与其他宝宝进行隔离。护理人员要注意清洁卫生，给宝宝喂奶前或处理粪便后一定要仔细洗手，防止将病菌传染给其他宝宝。

腹泻时，宝宝食欲不好，
应该把辅食停掉，等宝宝腹泻
彻底好了再添加。

营养相关疾病

肥胖

目前我国肥胖儿童正以每年 5%～8% 的速度增长。儿童肥胖已成为无法回避的问题，幼儿多以单纯性肥胖为主。

原因

遗传是引发肥胖的重要因素，此外，肥胖的形成与后天的饮食、活动、生活习惯以及家庭与社会的心理因素等关系也极为密切。不健康或不合理的生活方式是造成肥胖的主要原因，包括喜欢吃高糖、高脂肪、高热量的食物，饮食丰富但不均衡，营养元素单一，活动量少，缺乏运动等。

危害

肥胖的宝宝容易生病，尤其容易患反复性呼吸道感染、支气管肺炎等疾病。过度肥胖会引起肺通气不良，过于肥胖的宝宝还可出现睡眠不安、呼吸急促、哮喘等症。过度肥胖的宝宝往往不喜欢运动，久而久之会影响他的运动能力和智力发展。

对策

一般来说，婴幼儿期肥胖者成人之后继续肥胖的概率比较高。这类宝宝的家长应在饮食方面注意，不要给宝宝食用过多高热量、高脂肪的食物，像油炸食物、奶油、糖类等零食一定要少给宝宝吃。可让宝宝加强身体锻炼，增强身体能量的消耗。必要时，还可以寻求医生的指导和帮助。

营养不良

症状

营养不良是一种营养缺乏症，由摄入的热量和蛋白质不足所导致，常发于 3 岁以下的宝宝。主要表现为体重不增加或下降，体格瘦小，皮下脂肪少，容易并发多种营养素、维生素、微量元素的缺乏和严重的感染。如果出现这种情况，应及时进行治疗，宝宝会很快恢复健康。

原因

宝宝患营养不良的原因主要有喂养不当、蛋白质摄入量不足等；人工喂养的婴幼儿奶制品冲调不合理，如牛奶或奶粉浓度过低；以谷物（如米粉等）为主食等；疾病（如反复性腹泻、急慢性传染病等）引起消化吸收障碍；长期发热、活动量过大等。某些先天不足或生理功能低下，如早产、双胞胎等也易引起营养不良。

危害

营养不良可以引起全身各器官（如脑、心、肺、肝、肾等）的功能障碍。值得一提的是，0～3 岁的宝宝大脑发育最快，在这一阶段，如果提供的营养物质不足，很可能会使宝宝脑细胞的大小、数量和分裂增殖过程受到抑制，严重者甚至可出现永久性脑细胞不发育。营养不良儿常常合并有营养性贫血、多种维生素和微量元素缺乏等症，表现为佝偻病等。

对策

婴幼儿期最好采用母乳喂养，对早产儿更应该强调母乳喂养；按时添加辅食，补充各种维生素和微量元素，尤其应注意补充优质蛋白质；保证宝宝有充足的睡眠，确保宝宝精力充沛，食欲良好，机体功能达到最好状态；给宝宝的辅食多样化，防止其偏食；尽量少让宝宝吃零食，以免影响其正常饮食；加强户外活动，带宝宝进行身体锻炼，增进宝宝的食欲，提高睡眠质量。

维生素 D 缺乏性佝偻病

维生素 D 是促进机体钙质吸收的主要物质，维生素 D 缺乏可导致机体钙质吸收障碍，引发骨骼发育异常。维生素 D 缺乏性佝偻病引起的低钙血症可引发惊厥、喉头痉挛，危及生命。

原因

主要与饮食中维生素 D 摄入不足、紫外线照射不足及宝宝生长发育过快等有关。

主要表现

早期表现为烦躁不安、夜惊、睡觉多汗。

严重者出现骨骼畸形，如囟门大或闭合晚、出牙慢、胸部呈鸡胸或漏斗胸、"O"型腿和"X"型腿等。

全身肌肉松弛，运动发育落后。

免疫力低下，易引发感染。

治疗

治疗方式以补充维生素 D 和钙剂为主。

人工配方奶粉中已经添加了维生素 D，因此人工喂养儿补充维生素 D 时要考虑配方奶中维生素 D 的量。通常每日补充预防量的一半量（如每天半粒鱼肝油）就可以了。

母乳中维生素 D 含量很低，宝宝每天摄入量仅有 20～30 单位，因此每日至少要补充 1 粒鱼肝油。

预防

正常宝宝出生后 2 周开始服用维生素 D，每日需要 400～800 单位，一直服用到 1 岁。

早产、双胞胎、多胞胎和冬天出生的宝宝，出生后 1～2 周开始口服维生素 D，每日需要 500～1000 单位。

提倡母乳喂养，及时添加辅食，让宝宝多吃富含维生素 D 的食物。

尽量到户外活动，接受日光照射。

如果从膳食中摄取的钙质不足，应适当补充钙剂，一般每日需要 100～200 毫克。

锌缺乏

锌是人体重要的微量元素之一。宝宝缺锌的主要表现为食欲不佳、生长发育缓慢、免疫力低下等。

锌存在于所有动物性食物中，如鸡蛋、肉类、豆制品中含量丰富；植物中含量较少。现在配方奶粉中也添加了足量的锌。因此只要母乳充足或选择含锌量充足的配方奶，并及时添加辅食，宝宝不挑食、不偏食，就不会缺锌。

轻度缺锌的宝宝只需要通过饮食补充锌就可以了，严重缺锌的宝宝需要在医生的指导下补充锌制剂。

贫血

宝宝贫血主要以营养性贫血为多见。

原因

虽然宝宝出生时通过母体贮存了一定量的铁质，但这些铁仅仅够用6个月。宝宝生长发育迅速，血液量增加也很快，对造血原料的需求也在增加，如果6个月大时没能及时获取其他营养食品，就会出现缺铁性贫血。

如果宝宝体弱多病，反复出现呼吸道感染、发热、食欲减退或腹泻等症状，也会影响身体对营养物质的吸收和利用，从而引起贫血。

表现

早期贫血容易被忽视，经常是到医院查血之后才被发现。细心的父母会发现宝宝面色苍白、消瘦、食欲不好、精神差，有时会无端哭闹、烦躁易怒、入睡困难，这些都是贫血的表现。一些贫血儿会反复出现全身感染性疾病，如呼吸道感染、肺炎、肠炎等。

预防

营养性贫血的预防应该尽早开始。母乳喂养儿应从6个月开始逐渐添加各类辅食；妈妈也要摄入含有铁质的食物，如蛋黄、肉类、动物肝脏、蔬菜等；人工喂养儿应遵照配方奶粉足量喂养，及时添加各类辅食和营养食品；对早产儿、低出生体重儿要尽早添加铁剂，一般在生后2个月左右开始添加。

治疗

营养性贫血的治疗很简单，补充铁质和维生素C及维生素B_{12}或叶酸。使用铁剂时，最好服用维生素C，以促进铁质的吸收和利用。维生素B_{12}和叶酸应在医生的指导下进行使用。

铁剂对宝宝的胃黏膜有刺激性，可以在两餐之间服用。